概率论与数理统计习题课教程

蒋家尚　主编

苏州大学出版社

图书在版编目(CIP)数据

概率论与数理统计习题课教程/蒋家尚主编. —苏州：苏州大学出版社，2014.9(2025.1重印)
ISBN 978-7-5672-0973-2

Ⅰ.①概… Ⅱ.①蒋… Ⅲ.①概率论-高等学校-题解②数理统计-高等学校-题解 Ⅳ.①O21-44

中国版本图书馆 CIP 数据核字(2014)第 209220 号

概率论与数理统计习题课教程
蒋家尚 主编
责任编辑 肖 荣

苏州大学出版社出版发行
(地址:苏州市十梓街 1 号 邮编:215006)
江苏凤凰数码印务有限公司印装
(地址：南京市经济技术开发区尧新大道399号 邮编：210038)

开本 787×960 1/16 印张 12.25 字数 227 千
2014 年 9 月第 1 版 2025 年 1 月第 5 次印刷
ISBN 978-7-5672-0973-2 定价:28.00 元

苏州大学版图书若有印装错误，本社负责调换
苏州大学出版社营销部 电话:0512-65225020
苏州大学出版社网址 http://www.sudapress.com

编 委 会

前 言

概率论与数理统计是大学理工科的主要基础课程之一，也是硕士研究生入学考试的一门重要课程. 编写本书的目的是帮助读者正确理解和掌握一些基本概念与解题方法以提高学习效率，并为学生提供一份课外复习资料. 本书的内容体系参照了浙江大学盛骤等编写的《概率论与数理统计》，适用于各类各层次的概率论与数理统计学习者，对报考硕士研究生的读者亦有一定的帮助，也可作为教师的教学参考用书.

本书共八章，每章包括以下五部分内容：

1. 目的要求. 按照全国工科院校概率论与数理统计课程的基本要求，让读者明确学习该课程各章内容的目的与要求.

2. 内容提要. 包括主要定义、主要定理和主要结论，并给出了编者在概率论与数理统计教学中总结出来的一些计算方法和计算公式.

3. 复习提问. 提供了教师与学生在习题课上交流的内容，包括对一些概念的理解、辨析和一些较难的计算问题等.

4. 例题分析. 例题中有基本概念讨论题，有介绍基本方法的计算题或证明题，也有较灵活的综合题. 对所给出的例题进行了深入浅出的分析.

5. 自测练习. 分 A，B 两个层次，A 层次的练习以基础题为主，给出了简明答案；B 层次的练习难度大一些，给出了详解或提示.

本书书末配有六套综合练习题，并附有参考答案，便于巩固所学内容.

本书的编写得到了江苏科技大学教材委员会的支持和帮助，并得到了江苏科技大学数理学院全体概率论与数理统计任课教师的大力协作，在此一并表示衷心的感谢.

由于时间仓促，书中的不足之处在所难免，敬请广大读者批评指正，不胜感谢.

编者

2014 年 5 月

目 录

第 1 章　概率论的基本概念

一、目的要求

1. 理解随机事件的概念，了解样本空间的概念，掌握事件之间的关系运算.

2. 了解概率、条件概率的定义，掌握概率的基本性质，会计算古典概型的概率.

3. 掌握概率的加法公式、乘法公式，会应用全概率公式和贝叶斯公式.

4. 理解事件独立性的概念，掌握应用事件独立性进行概率计算的方法.

5. 理解独立重复试验的概率，掌握计算有关事件概率的方法.

二、内容提要

1. 随机事件的关系和运算

(1) 概念

随机试验的每个可能结果称为这一试验的随机事件，简称事件，常用字母 A，B，C，…表示. 不能分解为其他事件的最简单事件称为基本事件或样本点，用 ω 表示. 样本点全体组成的集合称为样本空间，记作 Ω. 随机事件是 Ω 的一个子集，基本事件既可看作 Ω 的元素又可看作 Ω 的单元子集. 事件 A 发生指 A 所含的基本事件至少有一个在试验中出现. 每次试验中必然要发生的事件称为必然事件，必然事件包含所有的样本点，因而用 Ω 表示. 试验中不可能发生的事件称为不可能事件，它不包含任何样本点，因而用 $\varnothing$ 表示.

（2）事件的关系和运算

表 1-1　事件的关系与运算

事件的关系	表示形式	意　义
包含	$A\subset B$	事件 A 发生必然导致事件 B 发生，特例：$\varnothing\subset A\subset\Omega$
相等	$A=B$	$A\subset B$ 且 $B\subset A$
互不相容	$A\cap B=\varnothing$	事件 A 与事件 B 不能同时发生
差	$A-B=\{\omega\mid\omega\in A$ 且 $\omega\notin B\}$	事件 A 发生，但事件 B 不发生
和（或并）	$A+B=\{\omega\mid\omega\in A$ 或 $\omega\in B\}(A\cup B)$	事件 A 与事件 B 至少有一个发生
积（或交）	$AB=\{\omega\mid\omega\in A$ 且 $\omega\in B\}(A\cap B)$	事件 A 与事件 B 同时发生
对立	$A+B=\Omega$ 且 $AB=\varnothing$	事件 A 与事件 B 仅有一个发生

（3）事件的运算律

① 交换律：$A\cup B=B\cup A(A+B=B+A)$，$A\cap B=B\cap A(AB=BA)$；

② 结合律：$(A\cup B)\cup C=A\cup(B\cup C)$，$(A\cap B)\cap C=A\cap(B\cap C)$，$(A+B)+C=A+(B+C)$，$(AB)C=A(BC)$；

③ 分配律：$(A\cup B)\cap C=(A\cap C)\cup(B\cap C)$，$(A\cap B)\cup C=(A\cup C)\cap(B\cup C)$，$(A+B)C=AC+BC$，$AB+C=(A+C)(B+C)$；

④ 自反律：$\overline{\overline{A}}=A$；

⑤ 对偶律：$\overline{(A\cup B)}=\overline{A}\cap\overline{B}$，$\overline{(A\cap B)}=\overline{A}\cup\overline{B}$，$\overline{(A+B)}=\overline{A}\,\overline{B}$，$\overline{AB}=\overline{A}+\overline{B}$.

注　上述运算律可推广到有限个或可数个事件的情形.

2. 事件的概率

（1）概率的统计定义

在相同条件下进行 n 次重复试验，若事件 A 发生的频率 $f_n(A)=\frac{r_n(A)}{n}$ 随着试验次数 n 的增大而稳定地在某个常数 p 随近摆动，则称 p 为事件 A 的概率，记为 $P(A)$. 其中，式中 $r_n(A)$ 为重复试验中事件 A 发生的次数.

(2) 古典概型与几何概型的定义

表1-2　古典概型与几何概型

古典概型	具有下列特征的随机试验模型称为古典概型： (1) 随机试验只有有限个可能结果； (2) 每一个可能结果发生的可能性相同. 若随机试验模型为古典概型，则事件 A 发生的概率为 $P(A)=\dfrac{A\text{包含的基本事件数}}{\Omega\text{中基本事件的总数}}$
几何概型	考虑样本空间为一线段、平面区域或空间立体等的等可能随机试验的概率模型称为几何概型. 设样本空间 Ω 是平面上的某个区域，A 是 Ω 的某个区域，它们的面积分别记为 $\mu(\Omega)$ 和 $\mu(A)$，现向区域 Ω 中随机投掷一点，则该点落在区域 A 的几何概率为 $P(A)=\dfrac{\mu(A)}{\mu(\Omega)}$

(3) 概率的公理化定义

设 E 为随机试验，Ω 是它的样本空间，对于 E 中的每一事件 A 赋予一个实数，记为 $P(A)$，若 $P(A)$ 满足下列三个条件：

① 非负性：对每个事件 A，有 $P(A)\geqslant 0$；

② 完备性：$P(\Omega)=1$；

③ 可列可加性：对任意可数个两两互不相容的事件 $A_1,A_2,\cdots,A_n,\cdots$，有

$$P(A_1+A_2+\cdots+A_n+\cdots)=P(A_1)+P(A_2)+\cdots+P(A_n)+\cdots.$$

则称 $P(A)$ 为事件 A 的概率.

由此可推得：$P(\varnothing)=0,0\leqslant P(A)\leqslant 1$.

(4) 条件概率

若 $P(A)>0$，称 $P(B|A)=\dfrac{P(AB)}{P(A)}$ 为在事件 A 发生的条件下，事件 B 发生的概率.

注　a. 条件概率的性质：

(i) 对任一事件 B，有 $0\leqslant P(B|A)\leqslant 1$；

(ii) $P(\Omega|A)=1$；

(iii) 设 $A_1,A_2,\cdots,A_n$ 互不相容，则

$$P(A_1+A_2+\cdots+A_n|A)=P(A_1|A)+P(A_2|A)+\cdots+P(A_n|A).$$

b. 前面所有概率的性质都适用于条件概率.

3. 事件的独立性

表 1-3　基本概念及定理

两个事件的独立性	**定义**　若两个事件 A,B 满足 $P(AB)=P(A)P(B)$，则称 A,B(相互)独立. 注：当 $P(A)>0,P(B)>0$ 时，A,B 相互独立与 A,B 互不相容不能同时成立；但 $\varnothing$ 与 Ω 既相互独立又互不相容. **定理 1**　设 A,B 是两事件，且 $P(B)>0$，则 A,B 相互独立 $\Leftrightarrow P(A\|B)=P(A)$. **定理 2**　设事件 A,B 相互独立，则下列各对事件也相互独立： A 与 $\overline{B}$，$\overline{A}$ 与 B，$\overline{A}$ 与 $\overline{B}$.
多个事件的独立性	**定义**　设 $A_1,A_2,\cdots,A_n$ 是 $n(n>1)$ 个事件，若对任意 $k(1<k\leqslant n)$ 个事件 A_{i_1}，$A_{i_2},\cdots,A_{i_k}(1\leqslant i_1<i_2<\cdots<i_k\leqslant n)$ 均满足等式 $P(A_{i_1}\cdot A_{i_2}\cdot\cdots\cdot A_{i_k})=P(A_{i_1})P(A_{i_2})\cdots P(A_{i_k})$， 则称事件 $A_1,A_2,\cdots,A_n$ 相互独立.
伯努利概型	**定义**　若随机试验只有两种可能的结果 A 和 $\overline{A}$，且 $P(A)=p,P(\overline{A})=1-p=q$ $(0<p,q<1,p+q=1)$，将此随机试验(即伯努利试验)独立重复进行 n 次，称这一串独立的重复试验为 n 重伯努利试验(或伯努利概型). **定理**　设在一次试验中，事件 A 发生的概率为 $p(0<p<1)$，则在 n 重伯努利试验中 (1) 事件 A 恰好发生 k 次的概率为 $P\{X=k\}=C_n^k p^k(1-p)^{n-k}\quad(k=0,1,2,\cdots,n)$. (2) 事件 A 在第 k 次试验中才首次发生的概率为 $p(1-p)^{k-1}\quad(k=0,1,2,\cdots,n)$.

4. 概率的计算公式

(1) 加法公式

两个事件的加法公式：

$$P(A+B)=P(A)+P(B)-P(AB).$$

三个事件的加法公式：

$$P(A+B+C)=P(A)+P(B)+P(C)-P(AB)-P(AC)-P(BC)+P(ABC).$$

一般地，设 $A_1,A_2,\cdots,A_n$ 为 n 个事件，则有

$$P(A_1+A_2+\cdots+A_n)=\sum_{i=1}^{n}P(A_i)-\sum_{1\leqslant i<j\leqslant n}P(A_iA_j)+\sum_{1\leqslant i<j<k\leqslant n}P(A_iA_jA_k)-\cdots+(-1)^{n-1}P(A_1A_2\cdots A_n).$$

(2) 减法公式

(i) $P(A)=1-P(\overline{A})$；

(ii) $P(B|A)=1-P(\overline{B}|A)(P(A)>0)$；

(iii) $P(A-B)=P(A)-P(AB)$，此时当 $B\subset A$ 时，有

$$P(A-B)=P(A)-P(B).$$

(3) 全概率公式

设 $A_1,A_2,\cdots,A_n$ 是一完备事件组，$P(A_i)>0(i=1,2,\cdots,n)$，则

$$\begin{aligned}P(B) &= P(A_1)P(B|A_1)+P(A_2)P(B|A_2)+\cdots+P(A_n)P(B|A_n)\\ &= \sum_{i=1}^{n}P(A_i)P(B|A_i).\end{aligned}$$

(4) 逆概公式(贝叶斯公式)

设 $A_1,A_2,\cdots,A_n$ 是一完备事件组，$P(A_i)>0(i=1,2,\cdots,n)$，又设 $P(B)>0$，则

$$P(A_j|B)=\frac{P(A_j)P(B|A_j)}{\sum_{j=1}^{n}P(A_j)P(B|A_j)}\quad(j=1,2,\cdots,n).$$

三、复习提问

1. 随机试验具有的特点是什么？

答：(1) 可以在相同条件下重复进行；

(2) 每次试验的可能结果不止一个，并且能事先明确试验的所有可能结果；

(3) 进行一次试验之前不能确定哪一种结果会出现.

2. 两个事件互不相容与两个事件对立有何区别？

答：事件 A,B 互不相容是指事件 A,B 不同时发生，即 $AB=\varnothing$；事件 A,B 互为对立事件是指事件 A,B 有且仅有一个发生，即 $AB=\varnothing$ 且 $A+B=\Omega$.

因此，对立事件与互不相容事件的区别与联系是：

(1) 若两事件对立，则必定互不相容，但两事件互不相容未必对立；

(2) 互不相容事件可用于多个事件，而对立事件仅用于两个事件；

(3) 两个事件互不相容只是说明两个事件不能同时发生，即至多发生其中一个事件，也可以都不发生，而两个事件对立说明事件有且仅有一个发生.

3. 事件互不相容与事件独立的概念是什么？有何关系？

答：A,B 互不相容$\Leftrightarrow AB=\varnothing$，而 A,B 相互独立$\Leftrightarrow P(AB)=P(A)P(B)$. 事件互不相容与事件独立是两个完全不同的概念.

当 $P(A)>0,P(B)>0$ 时，若 A,B 相互独立，则 $P(AB)=P(A)P(B)>0$，而若 A,B 互不相容，则 $P(AB)=0$，这说明在 $P(A)>0,P(B)>0$ 的情况下，相互独立的事件不能同时互不相容.

4. 求条件概率 $P(B|A)$的两种方法是什么？

答：求条件概率 $P(B|A)$的两种方法是：

(1) 在样本空间 Ω 中，先求概率 $P(AB)$和$P(A)$，再按条件概率的定义计算 $P(B|A)$；

(2) 在缩减的样本空间 A 中求事件 B 的概率，从而求得 $P(B|A)$.

5. 随机试验是伯努利试验的条件是什么？

答：随机试验是伯努利试验的两个条件是：

(1) 每一次试验只有两个可能的结果 A 和$\overline{A}$，且 $P(A)=p,P(\overline{A})=1-p=q$ $(0<p,q<1,p+q=1)$；

(2) n 次试验是相互独立的.

注 在实际问题中，真正满足伯努利概型的条件并不多，当差别很小时，一般可用伯努利概型来近似处理，这在计件抽样检验中常用到.

四、例题分析

例 1 将一枚均匀硬币连续抛两次，事件 A,B,C 分别表示“第一次出现正面”、“两次出现同一面”、“至少有一次出现正面”. 试写出样本空间及事件 A,B,C 中的样本点.

解 设试验的样本空间为 Ω，则 Ω,A,B,C 可分别表示为

$$\Omega=\{(正,正),(正,反),(反,正),(反,反)\};$$
$$A=\{(正,正),(正,反)\};$$
$$B=\{(正,正),(反,反)\};$$
$$C=\{(正,正),(正,反),(反,正)\}.$$

例 2 设 A,B 是两个事件，$P(A)=0.4,P(A+B)=0.7$.

(1) 当 A,B 互不相容时，求 $P(B)$；

(2) 当 A,B 相互独立时，求 $P(B)$.

解 (1) 当 A,B 互不相容时，即 $AB=\varnothing$，则由概率的性质有

$$P(A+B)=P(A)+P(B)-P(AB)=P(A)+P(B),$$

故

$$P(B)=P(A+B)-P(A)=0.7-0.4=0.3.$$

(2) 若 A,B 相互独立，即 $P(AB)=P(A)P(B)$，则由概率的性质有

$$P(A+B)=P(A)+P(B)-P(AB)=P(A)+P(B)-P(A)P(B),$$

故

$$P(B)=\frac{P(A+B)-P(A)}{1-P(A)}=\frac{0.7-0.4}{0.6}=0.5.$$

例 3　盒中装有 5 个同类产品，其中有 2 个次品. 现按下列不同方法抽取：(1) 一次取出 2 个；(2) 每次取出 1 个，取后不放回，共取两次；(3) 每次取出 1 个，取后再放回，共取两次. 求事件 $A=\{$两个都是正品$\}$，$B=\{$恰有一个正品$\}$的概率.

解　(1) 从 5 件产品中取 2 件的不同取法共有 C_5^2 种，其中两个都是正品的取法有 C_3^2 种，一个正品一个次品的取法共有 $C_2^1C_3^1$ 种，因此有

$$P(A)=\frac{C_3^2}{C_5^2}=\frac{3}{10},P(B)=\frac{C_3^1C_2^1}{C_5^2}=\frac{3}{5}.$$

(2) 在无放回抽样的情形下，抽取产品的情形与次序有关，样本点总数为 A_5^2. 事件 A,B 分别含有 A_3^2 和 $C_3^1C_2^1+C_2^1C_3^1=12$ 个样本点，因此有

$$P(A)=\frac{A_3^2}{A_5^2}=\frac{3}{10},P(B)=\frac{12}{A_5^2}=\frac{3}{5}.$$

(3) 在有放回抽样时，每次均有 5 种不同取法，从而样本点总数为 5^2，每次取到正品有 3 种取法，故取到 2 个正品共有 3^2 种取法，恰有一个正品一个次品共有 $C_3^1C_2^1+C_2^1C_3^1=12$ 种取法，因此有

$$P(A)=\frac{3^2}{5^2}=\frac{9}{25},P(B)=\frac{12}{25}.$$

注　本题中(1)和(2)的答案一致不是偶然的，在计算(2)的概率时，也可以不考虑取出产品的次序，只考虑最终取出两产品的不同组合，这样实际上就采用了与(1)同样的样本空间. 此外，同一事件的概率有时可放到不同的样本空间中计算.

例 4　一个箱子中有 n 双不同型号的鞋子，从中随机取出 $2k(0<2k<n)$ 只，求事件 $A=\{$至少有两只配对$\}$的概率.

解　样本空间的基本事件总数为从 $2n$ 只鞋子中取出 $2k$ 只鞋子，共有 C_{2n}^{2k} 种取法.

$A=\{$至少有两只配对$\}$，其对立事件 $\overline{A}=\{$所有鞋子都不配对$\}$，而

$\overline{A}=\{2k$ 只鞋子不配对$\}\Leftrightarrow\{2k$ 只鞋子是从 $2k$ 双鞋子中分别各取一只$\}$，一共

有 $C_n^{2k}\underbrace{C_2^1\cdots C_2^1}_{2k个}=C_n^{2k}\cdot 2^{2k}$ 种取法，这是事件 $\overline{A}$ 包含的基本事件数，因此有

$$P(A)=1-P(\overline{A})=1-\frac{C_n^{2k}\cdot 2^{2k}}{C_{2n}^{2k}}.$$

注 这是一个古典概型问题，求至少发生其一的事件的概率，一般考虑先求其对立事件的概率. 这实际上是一个配对问题.

例5 （蒲丰投针问题）平面上画有等距离的平行线，平行线间的距离为 $a(a>0)$，向平面内任意投掷一枚长为 $l(0<l<a)$ 的针，试求针与平行线相交的概率.

解 以 x 表示针的中点与最近一条平行线间的距离，θ 表示针与此直线的夹角，则有

$$0\leqslant x\leqslant\frac{a}{2}，且\ 0\leqslant\theta\leqslant\pi.$$

即得样本空间为平面区域 $\Omega=\left\{(\theta,x)\,\middle|\,0\leqslant\theta\leqslant\pi,0\leqslant x\leqslant\frac{a}{2}\right\}$. 而针与平行线相交的充要条件是 $0\leqslant x\leqslant\frac{l}{2}\sin\theta$. 这一区域见图 1-1 中的阴影部分，于是事件 $A=\{$针与平行线相交$\}$ 的概率为

$$P(A)=\frac{S_A}{S_\Omega}=\frac{\int_0^\pi\frac{l}{2}\sin\theta\mathrm{d}\theta}{\frac{\pi a}{2}}=\frac{2l}{\pi a}.$$

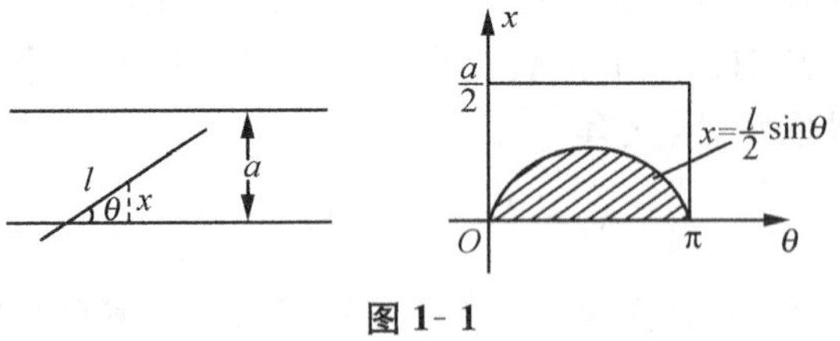

图 1-1

注 1. 这是一个几何概型问题. 当随机试验 E 的基本事件个数不是有限个而是无穷多个时，我们常考虑几何概型.

(1) 若试验为在一直线 L 上随机投掷一点，则事件 $A=\{$在 L 内任投一点且落在区间 $l\subset L$ 内$\}$ 的概率为

$$P(A)=\frac{l\ 的长度}{L\ 的长度}.$$

(2) 若试验为在二维平面上某区域 S 内随机投掷一点，则事件 $A=\{$在 S 内任投一点且落在区域 $s\subset S$ 内$\}$ 的概率为

$$P(A)=\frac{s\text{ 的面积}}{S\text{ 的面积}}.$$

(3) 若试验为在三维空间上某一立体区域 V 上随机投掷一点，则事件 $A=\{$在 V 内任投一点且落在区域 $v\subset V$ 内$\}$的概率为

$$P(A)=\frac{v\text{ 的体积}}{V\text{ 的体积}}.$$

2. 若 l,a 已知，则以 π 值代入上式即可求得 $P(A)$ 的值；反过来，如果通过试验求得针与平行线相交的频率 $f_N(A)=\frac{n}{N}$，并用此值代替 $P(A)$，那么可得 π 的近似计算公式：$\pi\sim\frac{2lN}{an}$. 随着计算机科学技术的发展，人们利用计算机模拟所设计的试验，并发展成新的边缘学科——随机模拟(Simulation)，又称蒙特卡洛方法. 此方法现已被广泛应用于系统分析设计和管理.

例 6　10个人用轮流抽签的方法分配7张电影票(每张电影票只能分给一个人)，试求事件{在第三个人抽中的情况下，第一个人抽中而第二个人没有抽中}的概率.

解　设 $A_i=\{$第 i 个人抽中$\}(i=1,2,3)$，易证 $P(A_i)=\frac{7}{10}(i=1,2,3)$，由条件概率的定义及乘法公式有

$$P(A_1\overline{A_2}|A_3)=\frac{P(A_1\overline{A_2}A_3)}{P(A_3)}=\frac{P(A_1)P(\overline{A_2}|A_1)P(A_3|A_1\overline{A_2})}{P(A_3)}$$

$$=\frac{\frac{7}{10}\times\frac{3}{9}\times\frac{6}{8}}{\frac{7}{10}}=\frac{1}{4}.$$

注　$P(A_i)$ 与 i 无关，可以通过条件概率来验证，即

$$P(A_1)=\frac{7}{10},$$

$$P(A_2)=P(A_1)P(A_2|A_1)+P(\overline{A_1})P(A_2|\overline{A_1})$$

$$=\frac{7}{10}\times\frac{6}{9}+\frac{3}{10}\times\frac{7}{9}=\frac{7}{10},$$

$$P(A_3)=P(A_1A_2)P(A_3|A_1A_2)+P(\overline{A_1}A_2)P(A_3|\overline{A_1}A_2)+$$

$$P(A_1\overline{A_2})P(A_3|A_1\overline{A_2})+P(\overline{A_1}\,\overline{A_2})P(A_3|\overline{A_1}\,\overline{A_2})$$

$$=\frac{7}{10}.$$

即 10 个人抽签，尽管抽签的先后次序不同，但每个人抽中的概率是一样的，即抽签与顺序无关．这也是在各种比赛和购买彩票时使用这种方法的原因．

例 7 某人忘记了电话号码的最后一个数字，因而他随意地拨号，求他拨号不超过三次就接通所需电话的概率；若已知最后一个数字是奇数，那么此概率是多少？

解 方法 1 设 $A_i=\{$第 i 次接通$\}(i=1,2,\cdots,10)$，$A=\{$不超过三次就接通电话$\}$，则有

$$A=A_1+\overline{A_1}A_2+\overline{A_1}\ \overline{A_2}A_3,$$

易知 $A_1,\overline{A_1}A_2,\overline{A_1}\overline{A_2}A_3$ 是互斥的，故有

$$\begin{aligned}P(A)&=P(A_1)+P(\overline{A_1}A_2)+P(\overline{A_1}\ \overline{A_2}A_3)\\&=\frac{1}{10}+\frac{9}{10}\times\frac{1}{9}+\frac{9}{10}\times\frac{8}{9}\times\frac{1}{8}\quad(\text{由乘法公式得})\\&=\frac{3}{10}.\end{aligned}$$

当已知最后一位数字是奇数时，所求概率为

$$\begin{aligned}P(A)&=P(A_1)+P(\overline{A_1})P(A_2|\overline{A_1})+P(\overline{A_1})P(\overline{A_2}|\overline{A_1})P(A_3|\overline{A_1}\ \overline{A_2})\\&=\frac{1}{5}+\frac{4}{5}\times\frac{1}{4}+\frac{4}{5}\times\frac{3}{4}\times\frac{1}{3}=\frac{3}{5}.\end{aligned}$$

方法 2 沿用方法 1 的记号，考虑对立事件 $\overline{A}=\{$拨号三次都接不通$\}$，则

$$\begin{aligned}P(A)&=1-P(\overline{A})=1-P(\overline{A_1}\ \overline{A_2}\ \overline{A_3})\\&=1-P(\overline{A_1})P(\overline{A_2}|\overline{A_1})P(\overline{A_3}|\overline{A_1}\ \overline{A_2})\\&=1-\frac{9}{10}\times\frac{8}{9}\times\frac{7}{8}=\frac{3}{10}.\end{aligned}$$

当已知最后一位数字是奇数时，所求概率为

$$\begin{aligned}P(A)&=P(A_1)+P(\overline{A_1})P(A_2|\overline{A_1})+P(\overline{A_1})P(\overline{A_2}|\overline{A_1})P(A_3|\overline{A_1}\ \overline{A_2})\\&=\frac{1}{5}+\frac{4}{5}\times\frac{1}{4}+\frac{4}{5}\times\frac{3}{4}\times\frac{1}{3}=\frac{3}{5}.\end{aligned}$$

例 8 设来自三个地区的考生报名表分别有 10 份、15 份和 25 份，其中女生的报名表分别是 3 份、7 份和 5 份．随机地抽取一个地区的报名表，从中先后抽出 2 份．

(1) 求先抽到的一份是女生的报名表的概率；

(2) 已知后抽到的一份是男生的报名表，求先抽到的一份是女生的报名表的概率；

(3) 已知先抽到的一份是女生的报名表，后抽到的一份是男生的报名表，求这两张报名表是来自第二个地区的概率．

解 设 $A_i=\{$报名表来自第 i 个地区$\}$, $i=1,2,3$;

$B_j=\{$第 j 次抽到的报名表是男生的报名表$\}$, $j=1,2$.

由于抽签与顺序无关,则 $P(A_1)=P(A_2)=P(A_3)=\frac{1}{3}$.

由条件概率知

$P(B_1|A_1)=\frac{10-3}{10}=\frac{7}{10}$, $P(B_1|A_2)=\frac{15-7}{15}=\frac{8}{15}$, $P(B_1|A_3)=\frac{25-5}{25}=\frac{4}{5}$.

(1) 由全概率公式得

$$P(\overline{B_1})=\sum_{i=1}^{3}P(A_i)P(\overline{B_1}|A_i)=\frac{1}{3}\left(\frac{3}{10}+\frac{7}{15}+\frac{1}{5}\right)=\frac{29}{90}.$$

(2) 要求概率 $P(\overline{B_1}|B_2)=\frac{P(\overline{B_1}B_2)}{P(B_2)}$,根据抽签与顺序无关的原理同样有

$$P(B_2|A_1)=\frac{7}{10},P(B_2|A_2)=\frac{8}{15},P(B_2|A_3)=\frac{4}{5},$$

则由全概率公式得

$$P(B_2)=\sum_{i=1}^{3}P(A_i)P(B_2|A_i)=\frac{1}{3}\left(\frac{7}{10}+\frac{8}{15}+\frac{4}{5}\right)=\frac{61}{90}.$$

又

$$P(\overline{B_1}B_2|A_1)=\frac{3}{10}\times\frac{7}{9}=\frac{7}{30},P(\overline{B_1}B_2|A_2)=\frac{7}{15}\times\frac{8}{14}=\frac{4}{15},$$

$$P(\overline{B_1}B_2|A_3)=\frac{5}{25}\times\frac{20}{24}=\frac{1}{6},$$

由全概率公式得

$$P(\overline{B_1}B_2)=\sum_{i=1}^{3}P(A_i)P(\overline{B_1}B_2|A_i)=\frac{1}{3}\left(\frac{7}{30}+\frac{4}{15}+\frac{1}{6}\right)=\frac{2}{9}.$$

所以

$$P(\overline{B_1}|B_2)=\frac{P(\overline{B_1}B_2)}{P(B_2)}=\frac{\frac{2}{9}}{\frac{61}{90}}=\frac{20}{61}.$$

(3) 由贝叶斯公式得

$$P(A_2|\overline{B_1}B_2)=\frac{P(A_2)P(\overline{B_1}B_2|A_2)}{P(\overline{B_1}B_2)}=\frac{\frac{1}{3}\times\frac{4}{15}}{\frac{2}{9}}=\frac{2}{5}.$$

注 在复杂情况下直接计算 $P(B)$ 不易时,可根据具体情况构造一组完备事件

(A_i)，然后应用全概率公式求解. 贝叶斯公式可由条件概率和全概率公式推出.

全概率公式是已知原因求结果，而贝叶斯公式是已知结果求原因.

例 9 证明：当 $0<P(A)<1$ 时，事件 A 与 B 相互独立的充要条件是 $P(B|A)=P(B|\overline{A})$.

证 先证必要性：若 A 与 B 相互独立，则 $P(AB)=P(A)P(B)$，从而

$$P(B|A)=\frac{P(AB)}{P(A)}=\frac{P(A)P(B)}{P(A)}=P(B),$$

$$P(B|\overline{A})=\frac{P(\overline{A}B)}{P(\overline{A})}=\frac{P(B)-P(AB)}{P(\overline{A})}=\frac{P(B)-P(A)P(B)}{1-P(A)}=P(B).$$

所以

$$P(B|A)=P(B|\overline{A}).$$

再证充分性：由 $P(B|A)=P(B|\overline{A})$，有

$$\frac{P(AB)}{P(A)}=\frac{P(B\overline{A})}{P(\overline{A})},$$

$$P(\overline{A})P(AB)=P(A)P(B\overline{A}),$$

即

$$[1-P(A)]P(AB)=P(A)[P(B)-P(AB)].$$

因此 $P(AB)=P(A)P(B)$，即 A 与 B 相互独立.

注 该结论表明两事件相互独立，本质上就是一事件的发生与否不影响另一事件发生的概率.

例 10 设有一个四面体，其中三面的颜色分别为红、蓝、白，第四面的颜色为红、蓝、白三种颜色的组合. 现任意抛掷该四面体，观察落地时与地面接触的一面的颜色，设 $A=\{$红色与地面接触$\}$，$B=\{$蓝色与地面接触$\}$，$C=\{$白色与地面接触$\}$. 试证：事件 A,B,C 两两独立，但事件 A,B,C 不相互独立.

证 由古典概型得

$$P(A)=P(B)=P(C)=\frac{2}{4}=\frac{1}{2},$$

$$P(AB)=P(AC)=P(BC)=\frac{1}{4},P(ABC)=\frac{1}{4}.$$

显然，由两事件相互独立的定义知 A,B,C 是两两独立的，但由于

$$P(ABC)=\frac{1}{4}\neq P(A)P(B)P(C)=\frac{1}{8},$$

故三事件 A,B,C 不相互独立.

注　多个事件的相互独立与两两独立是不同的概念.若多个事件相互独立,则必定两两独立;反之,未必成立.

例11　排球竞赛的规则是:发球方赢球时得分,输球时则被对方夺得发球权.甲、乙两支排球队进行比赛,已知当甲队发球时,甲队赢球和输球的概率分别是0.4和0.6;当乙队发球时,甲队赢球和输球的概率都是0.5.无论哪个队先发球,比赛进行到任一队得分为止,求当甲队发球时各队得分的概率.

解　设A={甲队发球时,甲先得分},B={甲队发球时,乙先得分},

A_i={甲第i次发球时,甲得分},B_i={乙第i次发球时,乙得分}.

由题意知$P(A_i)=0.4,P(B_i)=0.5$,则

$$A=A_1+\overline{A_1}\ \overline{B_1}A_2+\overline{A_1}\ \overline{B_1}\ \overline{A_2}\ \overline{B_2}A_3+\cdots.$$

因为上述事件互不相容,由加法公式及事件的独立性得

$$\begin{aligned}P(A)&=P(A_1)+P(\overline{A_1}\ \overline{B_1}A_2)+P(\overline{A_1}\ \overline{B_1}\ \overline{A_2}\ \overline{B_2}A_3)+\cdots\\&=0.4+0.6\times0.5\times0.4+0.6\times0.5\times0.6\times0.5\times0.4+\cdots\\&=0.4\times(1+0.3+0.3^2+\cdots)=0.4\times\frac{1}{1-0.3}=\frac{4}{7},\end{aligned}$$

$$P(B)=1-P(A)=1-\frac{4}{7}=\frac{3}{7}.$$

例12　甲、乙两个篮球队员各投篮3次,每次投中的概率分别为0.7和0.8,求:

(1) 甲、乙两个队员投中次数相等的概率;

(2) 甲比乙投中次数多的概率.

解　每次投篮是一次试验,甲、乙各投篮3次,分别构成3重伯努利概型.

设A_i={甲队员在3次投篮中投中i个球},

B_i={乙队员在3次投篮中投中i个球}$(i=1,2,3)$,

C={甲、乙进球数相等},

D={甲队员比乙队员投中次数多}.

(1) 由题意知$C=\sum\limits_{i=0}^{3}A_iB_i$,其中事件组$A_0B_0,A_1B_1,A_2B_2,A_3B_3$两两互斥,且$A_i$与$B_i$相互独立$(i=0,1,2,3)$,所以有

$$\begin{aligned}P(C)&=P(\sum_{i=0}^{3}A_iB_i)=\sum_{i=0}^{3}P(A_i)P(B_i)\\&=\sum_{i=0}^{3}C_3^i(0.7)^i(0.3)^{3-i}\cdot C_3^i(0.8)^i(0.2)^{3-i}\end{aligned}$$

$$= \sum_{i=0}^{3} (C_3^i)^2 (0.56)^i (0.06)^{3-i}$$
$$= 0.36332.$$

(2) 同理有

$$P(D) = P[A_1B_0 + A_2(B_0+B_1) + A_3(B_0+B_1+B_2)]$$
$$= P(A_1)P(B_0) + P(A_2)P(B_0+B_1) + P(A_3)[1-P(B_3)]$$
$$= C_3^1 \times 0.7 \times (0.3)^2 \times (0.2)^3 + C_3^2 \times (0.7)^2 \times 0.3 \times [(0.2)^3 + C_3^1 \times 0.8 \times (0.2)^2] + (0.7)^3 \times [1-(0.8)^3]$$
$$= 0.21476.$$

注 伯努利概型在概率论的理论体系中具有重要地位,在实际中应用广泛.实际背景不同的许多问题一旦转化为 n 重伯努利概型中某事件 A 发生次数的概率计算,问题就有了解决方法.但初学者实现这一转化往往有困难,因此读者应注重分析并找出具体问题中的"试验"、"事件 A 及其概率"等要素,从而利用 n 重伯努利概型计算公式解决问题.

五、自测练习

A 组

1. 在 10 个球中有 8 个白球、2 个黄球,从中任意抽取 3 个球的必然事件是 ( )

A. {三个都是白球}　　B. {三个都是黄球}

C. {至少有一个白球}　　D. {至少有一个黄球}

2. 设 A,B 为任意两个事件,则下列关系不成立的是 ( )

A. 若 $A \subset B$,则 $A = AB$　　B. $(A-B)+B=A$

C. $A+B-B \subset A$　　D. $A-B=A\overline{B}$

3. 设 $P(A)=0.8, P(B)=0.7, P(A|B)=0.8$,则下列结论正确的是 ( )

A. 事件 A 与 B 相互独立　　B. 事件 A 与 B 互逆

C. $B \supset A$　　D. $P(A+B)=P(A)+P(B)$

4. 设 A,B 为两个互逆事件,且 $P(A)>0, P(B)>0$,则下列结论正确的是 ( )

A. $P(B|A)>0$　　B. $P(A|B)=P(A)$

C. $P(A|B)=0$　　D. $P(AB)=P(A)P(B)$

5. 下列命题正确的是　　(　　)

A. 若A,B为相互对立事件，则$P(\overline{AB})=0$

B. 若$P(AB)=0$，则$P(A)=0$或$P(B)=0$

C. 若A,B互斥，则$P(A)+P(B)=1$

D. 若A,B互斥，则$P(\overline{A}+\overline{B})=1$

6. 设$0<P(A)<1,0<P(B)<1,P(A|B)+P(\overline{A}|\overline{B})=1$，则下列结论正确的是　　(　　)

A. 事件A与B互不相容　　B. 事件A与B互逆

C. 事件A与B不相互独立　　D. 事件A与B相互独立

7. 若某人每次射击击不中的概率为$p(0<p<1)$，则此人在3次独立射击中恰击中1次的概率为　　(　　)

A. $3(1-p)$　　B. $(1-p)^3$

C. $1-p^3$　　D. $C_3^1(1-p)p^2$

8. 某人射击的中靶率为$p(0<p<1)$，若射击直到中靶为止，则射击次数为3的概率为　　(　　)

A. $(1-p)^2p$　　B. p^3　　C. $p^2(1-p)$　　D. $(1-p)^3$

9. 设A,B是两个随机事件，且$AB=\overline{A}\ \overline{B}$，则$A+B=$________，$AB=$________.

10. 设A,B是两个随机事件，则$P\{(\overline{A}+B)(A+B)(A+\overline{B})+(\overline{A}+B)\}=$____________.

11. 设事件A,B相互独立，$P(A)=0.4,P(A+B)=0.7$，则$P(B)=$________.

12. 在区间$(0,1)$内随机地取两个数，则两数之差的绝对值小于$\frac{1}{2}$的概率为__________.

13. 设A_1,A_2,A_3是一完备事件组，且$P(A_1)=0.1,P(A_2)=0.5,P(B|A_i)=\frac{1}{3}(i=1,2,3)$，则$P(A_1|B)=$________.

14. 设A,B,C为三个随机试验，A与C互不相容，$P(AB)=\frac{1}{2},P(C)=\frac{1}{3}$，则$P(AB|\overline{C})=$__________.

15. 若袋中装有3个红球、12个白球，从中不放回地取10次，每次取1个，则第5次取到红球的概率是________.

16. 生产某种产品的废品率是0.1，现抽取5件产品，则其中有1件废品的概率为__________,至多有 1 件废品的概率为______________.

17. 设一批产品共 100 件，其中 98 件正品、2 件次品，从中任意抽取 3 件(分三种情况：一次拿 3 件；每次拿 1 件，取后放回，拿 3 次；每次拿 1 件，取后不放回，拿 3 次). 试求：

(1) 取出的 3 件中恰有 1 件次品的概率；

(2) 取出的 3 件中至少有 1 件是次品的概率.

18. 10 把钥匙中有 3 把能打开门，今从中任取 2 把，求能打开门的概率.

19. 在 1500 个产品中有 400 个次品、1100 个正品，从中任取 200 个.

(1) 求恰有 90 个次品的概率；

(2) 求至少有 2 个次品的概率.

20. 甲、乙两选手进行乒乓球单打比赛，甲先发球，甲发球成功后，乙回球失误的概率为 0.3；若乙回球成功，甲回球失误的概率为 0.4；若甲回球成功，乙再次回球失误的概率为 0.5. 计算这几个回合中乙输掉 1 分的概率.

21. 3 人独立地破译一个密码，他们能译出密码的概率分别为 $\frac{1}{5}$，$\frac{1}{3}$，$\frac{1}{4}$，问能将此密码译出的概率是多少？

22. 仓库中有 10 箱同规格的产品，已知其中甲、乙、丙三厂生产的产品分别有 5 箱、3 箱、2 箱，甲、乙、丙三厂产品的废品率分别为 $\frac{1}{10}$，$\frac{1}{15}$，$\frac{1}{20}$. 现从中任取 1 箱，再从中任取 1 件，求取到的这个产品是次品的概率；若取到 1 个次品，求它是甲厂生产的概率.

23. 随机地掷一颗骰子，连掷 6 次，求：

(1) 恰有一次出现“6 点”的概率；

(2) 恰有两次出现“6 点”的概率；

(3) 至少出现一次“6 点”的概率.

B 组

1. 设 A，B 是两事件，且 $P(A)=0.6$，$P(B)=0.7$，问：

(1) 在什么条件下 $P(AB)$ 取到最大值，最大值是多少？

(2) 在什么条件下 $P(AB)$ 取到最小值，最小值是多少？

2. 某城市发行 A，B，C 三种报纸，经调查，订阅 A 报的占 48%，订阅 B 报的占 38%，订阅 C 报的占 30%，同时订阅 A 报和 B 报的占 15%，同时订阅 A 报和 C 报的占10%，同时订阅B报和C报的占8%，同时订阅三种报纸的占5%. 试分别求下列事件的概率：

(1) 只订阅A报；

(2) 只订阅A报和B报；

(3) 只订阅一种报纸；

(4) 正好订阅两种报纸；

(5) 至少订阅一种报纸；

(6) 至多订阅一种报纸；

(7) 不订阅这三种报纸.

3. 从1～9这9个整数中有放回地随机取3次，每次取1个数，求取出的3个数之积能被10整除的概率.

4. 轰炸机要完成它的使命，驾驶员必须找到目标，同时投弹员必须投中目标. 设驾驶员甲、乙找到目标的概率分别为0.9，0.8；投弹员丙、丁在找到目标的条件下投中目标的概率分别为0.7，0.6. 现要配备两组轰炸人员，问甲、乙、丙、丁怎样配合才能使完成任务的概率(只要有一架飞机投中目标即完成任务)较大？求此概率是多少.

5. 据以往的资料估计，一位母亲患某种传染病的概率为0.5，当母亲患病时，她的第1个、第2个孩子患病的概率均为0.5，且两个孩子均不患病的概率为0.25，当母亲不患病时，每个孩子必定不患病.

(1) 求第1个、第2个孩子未患病的概率；

(2) 求当第1个孩子未患病时，第2个孩子未患病的概率；

(3) 求当两个孩子均未患病时，母亲患病的概率.

6. 设x,y为任意两个实数，且满足$0<x<1,0<y<1$，求$xy<\frac{1}{3}$的概率.

7. 甲、乙两人轮流投篮，游戏规则规定：甲先开始投，且甲每轮只投一次，而乙每轮连续投两次，先投中者为胜. 已知甲、乙每次投篮命中率分别是p和0.5. 当p为何值时，甲、乙胜负概率相同？

8. 要验收一批(100台)微机，验收方案如下：自该批微机中随机地取出3台进行测试(设3台微机的测试是相互独立的)，3台中只要有1台在测试中被认为是次品，这批微机就会被拒绝接收. 由于测试条件和水平所限，将次品的微机误认为正品的概率为0.05，而将正品的微机误判为次品的概率为0.01. 如果已知这100台微机中恰有4台次品，试问这批微机被接收的概率是多少？

第2章 随机变量及其分布

一、目的要求

1. 理解随机变量的概念，掌握用随机变量表示事件的方法.

2. 理解离散型随机变量及其分布律的概念和性质，熟悉二项分布，掌握泊松分布.

3. 理解分布函数的概念和性质.

4. 理解连续型随机变量及其概率密度的概念和性质，掌握均匀分布与指数分布，熟练掌握正态分布.

5. 会求简单随机变量函数的分布.

二、内容提要

1. 随机变量

设随机试验的样本空间为 $S=\{e\}$，$X=X(e)$ 是定义在样本空间 S 上的实值单值函数，称 $X=X(e)$ 为随机变量.

2. 离散型随机变量及其分布律

(1) 离散型随机变量

设 X 是一随机变量，如果 X 的全部可能取到的值是有限个或可列无限多个，那么称 X 是离散型随机变量.

(2) 离散型随机变量的分布律

设离散型随机变量 X 所有可能取的值为 $x_k(k=1,2,\cdots)$，X 取各个可能值的概率即事件 $\{X=x_k\}$ 的概率为

$$P\{X=x_k\}=p_k,k=1,2,\cdots,\text{其中 } p_k\geqslant 0,\sum_{k=1}^{\infty}p_k=1,$$

则称上式为离散型随机变量 X 的分布律.

分布律可用表格表示为

X	x_1	x_2	$\cdots$	x_k	$\cdots$
P	p_1	p_2	$\cdots$	p_k	$\cdots$

(3) 三种重要的离散型随机变量

(0-1)分布　设随机变量 X 只可能取 0 与 1 两个值，它的分布律是

$$P\{X=k\}=p^k(1-p)^{1-k},k=0,1(0<p<1),$$

则称 X 服从以 p 为参数的(0-1)分布或两点分布.

(0-1)分布的分布律也可写成

X	0	1
P	$1-p$	p

二项分布　设随机变量 X 表示 n 重伯努利试验中事件 A 发生的次数，它的分布律是

$$P\{X=k\}=C_n^k p^k(1-p)^{n-k},k=0,1,2,\cdots,n,$$

则称 X 服从参数为 n,p 的二项分布，并记为 $X\sim b(n,p)$.

泊松分布　设随机变量 X 所有可能取的值为 $0,1,2,\cdots$，它的分布律是

$$P\{X=k\}=\frac{\lambda^k e^{-\lambda}}{k!},k=0,1,2,\cdots,$$

其中 $\lambda>0$ 是常数，则称 X 服从参数为 λ 的泊松分布，记为 $X\sim\pi(\lambda)$.

泊松定理　设 $\lambda>0$ 是一个常数，n 是任意正整数，记 $np_n=\lambda$，则对于任一固定的非负整数，有

$$\lim_{n\to\infty}C_n^k p_n^k(1-p_n)^{n-k}=\frac{\lambda^k e^{-\lambda}}{k!}.$$

3. 随机变量的分布函数

设 X 是一个随机变量，x 是任意实数，函数

$$F(x)=P\{X\leqslant x\},-\infty<x<+\infty$$

称为 X 的分布函数.

分布函数 $F(x)$ 具有以下基本性质：

1° $F(x)$ 是一个不减函数，即对于任意实数 $x_1<x_2$，有 $F(x_1)\leqslant F(x_2)$；

2° $0\leqslant F(x)\leqslant 1$，且 $F(-\infty)=\lim\limits_{x\to-\infty}F(x)=0$，$F(+\infty)=\lim\limits_{x\to+\infty}F(x)=1$；

3° $F(x+0)=F(x)$，即 $F(x)$ 是右连续的.

4. 连续型随机变量及其概率密度

(1) 概率密度函数

如果对于随机变量 X 的分布函数 $F(x)$，存在非负函数 $f(x)$，使对于任意实数 x 有

$$F(x)=\int_{-\infty}^{x}f(t)\mathrm{d}t,$$

则称 X 为连续型随机变量，其中函数 $f(x)$ 称为 X 的概率密度函数，简称概率密度.

(2) 概率密度的性质

1° $f(x)\geqslant 0$；

2° $\int_{-\infty}^{+\infty}f(x)\mathrm{d}x=1$；

3° 对于任意实数 $x_1\leqslant x_2$，有

$$P\{x_1<X\leqslant x_2\}=F(x_2)-F(x_1)=\int_{x_1}^{x_2}f(x)\mathrm{d}x;$$

4° 若 $f(x)$ 在点 x 处连续，则有 $F'(x)=f(x)$.

(3) 三种重要的连续型随机变量

均匀分布 若连续型随机变量 X 具有概率密度

$$f(x)=\begin{cases}\dfrac{1}{b-a}, & a<x<b,\\ 0, & \text{其他},\end{cases}$$

则称 X 在区间 (a,b) 上服从均匀分布，记为 $X\sim U(a,b)$.

指数分布 若连续型随机变量 X 的概率密度为

$$f(x)=\begin{cases}\dfrac{1}{\theta}\mathrm{e}^{-\frac{x}{\theta}}, & x>0,\\ 0, & \text{其他},\end{cases}$$

其中 $\theta>0$ 为常数，则称 X 服从参数为 θ 的指数分布.

正态分布　若连续型随机变量 X 的概率密度为

$$f(x)=\frac{1}{\sqrt{2\pi}\sigma}e^{-\frac{(x-\mu)^2}{2\sigma^2}},-\infty<x<+\infty,$$

其中 $\mu,\sigma(\sigma>0)$ 为常数，则称 X 服从参数为 μ,σ 的正态分布或高斯(Gauss)分布，记为 $X\sim N(\mu,\sigma^2)$.

特别地，当 $\mu=0,\sigma=1$ 时，称随机变量 X 服从标准正态分布，记为 $X\sim N(0,1)$. 其概率密度和分布函数分别用 $\varphi(x),\Phi(x)$ 表示，即有

$$\varphi(x)=\frac{1}{\sqrt{2\pi}}e^{-\frac{x^2}{2}},$$

$$\Phi(x)=\frac{1}{\sqrt{2\pi}}\int_{-\infty}^{x}e^{-\frac{t^2}{2}}dt.$$

注　关于正态分布 $N(\mu,\sigma^2)$ 的概率计算，应熟练掌握以下两个结果：

1°　$P\{a<X\leqslant b\}=\Phi\left(\frac{b-\mu}{\sigma}\right)-\Phi\left(\frac{a-\mu}{\sigma}\right)$；

2°　$\Phi(-x)=1-\Phi(x)$.

5. 随机变量的函数的分布

(1) 离散型随机变量函数的分布

设随机变量 X 的分布律为 $P\{X=x_k\}=p_k,k=1,2,\cdots$，则当 $Y=g(X)$ 的所有取值为 $y_j(j=1,2,\cdots)$ 时，随机变量 Y 有分布律

$$P\{Y=y_i\}=\sum_{g(x_k)=y_j}P\{X=x_k\}.$$

(2) 连续型随机变量函数的分布

设随机变量 X 的概率密度为 $f_X(x)$，则随机变量 X 的函数 $Y=g(X)$ 的分布函数为

$$F_Y(y)=P\{Y\leqslant y\}=P\{g(X)\leqslant y\}=P\{X\in I_y\}=\int_{I_y}f_X(x)dx,$$

其中 $I_y=\{x|g(X)\leqslant y\}$. 上式两边关于 y 求导即为 $f_Y(y)$.

特别地，当 $g(X)$ 是严格单调函数时可由以下定理写出 $Y=g(X)$ 的概率密度.

定理　设随机变量 X 具有概率密度 $f_X(x),-\infty<x<+\infty$，又设函数 $g(x)$ 处处可导且恒有 $g'(x)>0$(或恒有 $g'(x)<0$)，则 $Y=g(X)$ 是连续型随机变量，其概率密度为

$$f_Y(y)=\begin{cases}f_X[h(y)]|h'(y)|, & \alpha<y<\beta,\\ 0, & 其他,\end{cases}$$

其中 $\alpha=\min\{g(-\infty),g(+\infty)\}$，$\beta=\max\{g(-\infty),g(+\infty)\}$，$h(y)$是 $g(x)$的反函数.

三、复习提问

1. 为什么引入随机变量?

答：概率论是从数量上来研究随机现象内在规律性的.为了更方便、更有力地研究随机现象，就要用数学的方法来研究.因此，为了便于数学上的推导和计算，就需将任意的随机事件数量化.当把一些非数量表示的随机事件用数字表示时，就建立了随机变量的概念.随机变量的引入，使我们能用随机变量来描述各种随机现象，并能利用数学分析的方法对随机试验的结果进行深入而广泛的研究和讨论.

2. 随机事件和随机变量的联系与区别是什么?

答：随机试验中可能发生也可能不发生的事件为随机事件.比如，在数集{1，2，3}中任意抽取数字，A 是“抽中 1”，B 是“抽中 2”，C 是“抽中 3”，那么 A，B，C 就是随机事件.随机变量是定义在样本空间上的变量.比如，我们设抽中的是 X，那么 X 可能是 1，也可能是 2，或是 3. X 完整地描述了该样本空间，即 X 的可能值的全部是样本空间.随机事件是从静态的观点来研究随机现象，而随机变量则是一种动态的观点.

3. 随机变量和普通函数的联系与区别是什么?

答：随机变量的定义域是样本空间，也就是说，当一个随机试验的结果确定时，随机变量的值也就确定下来了，因此，如不与某次试验联系，就不能确定随机变量的值.由此可见，随机变量与函数是有一定联系的.所谓随机变量，实际上是变量对试验结果的一种刻画，是试验结果(即样本点)和实数之间的一个对应关系，这与函数概念本质上是相同的，只不过在函数概念中函数 $f(x)$的自变量是实数 x，而在随机变量的概念中，随机变量的自变量是试验结果(即样本点).此外，随机变量随着试验结果的不同而取不同的值，由于试验的各个结果的出现具有一定的概率，因此随机变量的取值也有一定的概率规律.

4. 非离散型随机变量就一定是连续型随机变量吗?

答：不是的.客观上也存在着既非离散型又非连续型的随机变量.

5. 随机变量的分布函数、分布律和概率密度函数的联系与区别是什么?

答：随机变量的分布函数刻画了随机变量的取值规律，不管是连续型随机变量还是离散型随机变量都可以用分布函数来描述其取值规律，而分布律只能描述离散型随机变量的取值规律，概率密度函数只能描述连续型随机变量的取值规律．另一方面，已知分布律或概率密度函数都可求出相应变量的分布函数．反之，在已知分布函数的情况下，对于离散型随机变量可求出其分布律，而对于连续型随机变量也可求出其概率密度函数．

6．分布函数为什么是右连续的？

答：分布函数 $F(x)=P\{X\leqslant x\}$ 是单调、非减、有界函数，故其任一点 x_0 的右极限 $F(x_0+0)$ 存在．为了证明 $F(x)$ 是右连续的，选取数列 $x_1>x_2>\cdots>x_n>\cdots>x_0$，只需说明当 $x_n\to x_0$ 时，有 $\lim\limits_{n\to+\infty}F(x_n)=F(x_0)$ 成立．

事实上，

$$\begin{aligned}
F(x_1)-F(x_0) &= P\{x_0<X\leqslant x_1\}=P\{\bigcup_{i=1}^{+\infty}x_{i+1}<X\leqslant x_1\} \\
&= \sum_{i=1}^{+\infty}P\{x_{i+1}<X\leqslant x_i\}=\sum_{i=1}^{+\infty}[F(x_i)-F(x_{i+1})] \\
&= \lim_{n\to+\infty}\sum_{i=1}^{n-1}[F(x_i)-F(x_{i+1})] \\
&= \lim_{n\to+\infty}\{[F(x_1)-F(x_2)]+[F(x_2)-F(x_3)]+\cdots \\
&\quad +[F(x_n)-F(x_{n-1})]\} \\
&= \lim_{n\to+\infty}[F(x_1)-F(x_n)]=F(x_1)-\lim_{n\to+\infty}F(x_n).
\end{aligned}$$

由此得 $F(x_0)=\lim\limits_{n\to+\infty}F(x_n)=F(x_0+0)$，即 $F(x)$ 是右连续的．另外，有的教材中定义分布函数 $F(x)=P\{X<x\}(-\infty<x<+\infty)$，由上述证明可知此时 $F(x)$ 是左连续的，所以分布函数的性质与定义紧密联系．

7．连续型随机变量的概率密度是处处连续的吗？

答：不一定．例如，当 X 在区间 $[0,1]$ 上服从均匀分布时，其概率密度为

$$f(x)=\begin{cases}1, & 0<x<1,\\ 0, & \text{其他},\end{cases}$$

显然，$f(x)$ 在 $x=0$ 和 $x=1$ 处不连续．

8．概率为零的事件一定是不可能事件吗？概率为 1 的事件一定是必然事件吗？

答：虽然不可能事件的概率为零，但反之却不一定成立．因为若 X 为连续型随机变量，a 为任一实数，则有 $P\{X=a\}=0$，而事件 $\{X=a\}$ 却不是不可能事件．同样地，概率为 1 的事件不一定是必然事件．因为当 X 为连续型随机变量时，有 $P\{X\in\mathbf{R}-\{a\}\}=\int_{-\infty}^{+\infty}f(x)\mathrm{d}x-P\{X=a\}=1$，但事件 $X\in\mathbf{R}-\{a\}$ 却不是必然事件．

四、例题分析

例 1 一辆汽车沿一街道行驶，需要通过 4 个均设有红绿信号灯的路口，每个路口信号灯为红或绿与其他路口信号灯为红或绿相互独立，且红、绿两种信号显示的时间相等，以 X 表示“该汽车首次遇到红灯前已通过的路口个数”，求 X 的概率分布.

解 由条件可知 X 的所有可能取值为 $0,1,2,3,4$.

令 A_i 表示“汽车在第 i 个路口首次遇到红灯”，$i=1,2,3,4$，则 A_1,A_2,A_3,A_4 相互独立，且 $P(A_i)=P(\overline{A_i})=\frac{1}{2}(i=1,2,3,4)$. 故

$$P\{X=0\}=P(A_1)=\frac{1}{2},P\{X=1\}=P(\overline{A_1}A_2)=\frac{1}{2^2},$$

$$P\{X=2\}=P(\overline{A_1}\ \overline{A_2}\ A_3)=\frac{1}{2^3},P\{X=3\}=P(\overline{A_1}\ \overline{A_2}\ \overline{A_3}\ A_4)=\frac{1}{2^4},$$

$$P\{X=4\}=P(\overline{A_1}\ \overline{A_2}\ \overline{A_3}\ \overline{A_4})=\frac{1}{2^4}.$$

故 X 的分布律为

X	0	1	2	3	4
P	$\frac{1}{2}$	$\frac{1}{2^2}$	$\frac{1}{2^3}$	$\frac{1}{2^4}$	$\frac{1}{2^4}$

例 2 某运动员对某一目标进行射击，直到击中为止. 如果每次射击的命中率为 p，求射击次数的分布律.

分析 若 X 代表射击进行的次数，则 $X=n$ 表示前 $n-1$ 次射击都未击中目标，且击不中的概率为 $q=1-p$.

解 设随机变量 X 表示“射击次数”，则 X 的可能取值为 $1,2,3,\cdots,n,\cdots$.

$$P\{X=n\}=pq^{n-1}=p(1-p)^{n-1},n=1,2,3,\cdots.$$

即射击次数的分布律为

X	1	2	3	$\cdots$	n	$\cdots$
P	p	$p(1-p)$	$p(1-p)^2$	$\cdots$	$p(1-p)^{n-1}$	$\cdots$

例 3 假设一厂家生产的每台仪器，以概率 0.7 可以直接出厂，以概率 0.3 需进一步调试，经调试后以概率 0.8 可以出厂，以概率 0.2 定为不合格品不能出厂. 现该厂新生产了 $n(n\geqslant 2)$ 台仪器(假设各台仪器的生产过程相互独立)，试求：

(1) 全部能出厂的概率 α;

(2) 其中恰好有两件不能出厂的概率 β;

(3) 其中至少有两件不能出厂的概率 θ.

分析　解答本题的关键是知道该厂新生产的 n 台仪器中不能出厂的台数服从二项分布 $b(n,p)$,其中 p 可由全概率公式求得,从而 α,β,θ 都可利用二项概率公式求出.

解　设 A 表示事件"仪器不需调试",B 表示事件"仪器不能出厂",则

$$P(A)=0.7,P(\overline{A})=0.3,P(B|A)=0,P(B|\overline{A})=0.2.$$

由全概率公式,得

$$P(B)=P(A)P(B|A)+P(\overline{A})P(B|\overline{A})=0.7\times0+0.3\times0.2=0.06.$$

若 X 表示"生产的 n 台仪器中不能出厂的台数",则 $X\sim b(n,0.06)$,故有

(1) $\alpha=P\{X=0\}=\mathrm{C}_n^0 0.06^0(1-0.06)^n=(0.94)^n$;

(2) $\beta=P\{X=2\}=\mathrm{C}_n^2 0.06^2(1-0.06)^{n-2}=0.0018(n-1)n(0.94)^{n-2}$;

(3) $\theta=P\{X\geqslant2\}=1-P\{X=0\}-P\{X=1\}=1-0.94^n-\mathrm{C}_n^1(0.06)^1(1-0.06)^{n-1}$

$$=1-0.94^n-0.06n(0.94)^{n-1}.$$

例 4　设某床单厂生产的每条床单上含有疵点的个数 X 服从参数为 $\lambda=1.5$ 的泊松分布.质量检查部门规定:床单上无疵点或只有一个疵点的为一等品,有 2～4个疵点的为二等品,有 5 个或 5 个以上疵点的为次品.分别求该床单厂生产的床单为一等品、二等品和次品的概率.

解　由 $X\sim\pi(1.5)$知

床单为一等品的概率为

$$P\{X\leqslant1\}=P\{X=0\}+P\{X=1\}=\mathrm{e}^{-1.5}\left(\frac{1.5^0}{0!}+\frac{1.5^1}{1!}\right)\approx0.558,$$

床单为二等品的概率为

$$P\{2\leqslant X\leqslant4\}=P\{X=2\}+P\{X=3\}+P\{X=4\}$$
$$=\mathrm{e}^{-1.5}\left(\frac{1.5^2}{2!}+\frac{1.5^3}{3!}+\frac{1.5^4}{4!}\right)\approx0.424,$$

床单为次品的概率为

$$P\{X\geqslant5\}=1-P\{X\leqslant1\}-P\{2\leqslant X\leqslant4\}=1-0.558-0.424=0.018.$$

例 5　某人上班,从自己家里去办公楼要经过一个交通指示灯,该指示灯有 80%的时间亮红灯,此时他在指示灯旁等待直至绿灯亮,等待时间在区间[0,30](单位:s)上服从均匀分布.以 X 表示"他的等待时间",求 X 的分布函数 $F(x)$,并

说明 X 是连续型随机变量还是离散型随机变量.

解 当他到达指示灯处时,若是绿灯亮,则等待时间为零;若是红灯亮,则等待时间服从区间[0,30]上的均匀分布.用 A 表示“指示灯亮绿灯”,由全概率公式有

$$P\{X\leqslant x\}=P(A)P\{X\leqslant x|A\}+P(\overline{A})P\{X\leqslant x|\overline{A}\},$$

其中

$$P\{X\leqslant x|A\}=\begin{cases}1, & x\geqslant 0,\\ 0, & x<0,\end{cases}$$

$$P\{X\leqslant x|\overline{A}\}=\begin{cases}\dfrac{x}{30}, & 0\leqslant x\leqslant 30,\\ 0, & x<0,\\ 1, & x>30,\end{cases}$$

故

$$F(x)=P\{X\leqslant x\}=\begin{cases}0.2\times 0+0.8\times 0, & x<0,\\ 0.2\times 1+0.8\times\dfrac{x}{30}, & 0\leqslant x\leqslant 30,\\ 0.2\times 1+0.8\times 1, & x>30,\end{cases}$$

$$=\begin{cases}0, & x<0,\\ 0.2+\dfrac{2}{75}x, & 0\leqslant x\leqslant 30,\\ 1, & x>30.\end{cases}$$

因为 $F(x)$ 在 $x=0$ 处不连续,所以 X 不是连续型随机变量.又因为不存在一个可列点集,使得 X 在这个点集上取值的概率之和等于1,所以随机变量 X 也不是离散型的,即 X 是混合型的随机变量.

例6 设某种化合物的酒精含量的百分比是一个随机变量 X,其概率密度为

$$f(x)=\begin{cases}20x^3(1-x), & 0<x<1,\\ 0, & \text{其他}.\end{cases}$$

(1) 求出随机变量 X 的分布函数;

(2) 计算 $P\left\{X\leqslant\dfrac{2}{3}\right\}$;

(3) 假设该化合物的销售价格与其酒精含量有关:当 $\dfrac{1}{3}<X<\dfrac{2}{3}$ 时,该化合物每升价格为 C_1 元,其他情形每升价格为 C_2 元,若该化合物每升成本是 C_3 元,试找出销售该化合物每升净利润的概率分布.

解　(1) 设 X 的分布函数为 $F(x)$，显然，当 $x<0$ 时，$F(x)=0$；当 $x\geqslant 1$ 时，$F(x)=1$；当 $0\leqslant x<1$ 时，$F(x)=\int_{-\infty}^{x} f(t)\mathrm{d}t = 20\int_{0}^{x} t^3(1-t)\mathrm{d}t = 5x^4-4x^5$.

故

$$F(x)=\begin{cases}0, & x<0,\\ 5x^4-4x^5, & 0\leqslant x<1,\\ 1, & x\geqslant 1.\end{cases}$$

(2) $P\left\{X\leqslant\frac{2}{3}\right\}=F\left(\frac{2}{3}\right)=5\left(\frac{2}{3}\right)^4-4\left(\frac{2}{3}\right)^5\approx 0.4609$.

(3) 销售该化合物每升的净利润 Y 是酒精含量百分比 X 的函数：

$$Y=\begin{cases}C_1-C_3, & \frac{1}{3}<x<\frac{2}{3},\\ C_2-C_3, & \text{其他}.\end{cases}$$

由于 $P\left\{\frac{1}{3}<X<\frac{2}{3}\right\}=F\left(\frac{2}{3}\right)-F\left(\frac{1}{3}\right)=0.4609-0.0453=0.4156$. 于是销售该化合物每升净利润 Y 的分布律为

净利润/元 概率	C_1-C_3	C_2-C_3
P	0.4156	0.5844

例7　设顾客在某银行窗口等待服务的时间 X(单位:分钟)服从指数分布，其概率密度函数为

$$f(x)=\begin{cases}\frac{1}{5}\mathrm{e}^{-\frac{x}{5}}, & x>0,\\ 0, & \text{其他}.\end{cases}$$

某顾客在窗口等待服务，若超过 10 分钟，他就离开，他一个月到银行 5 次. 用 Y 表示"一个月内他未等到服务而离开的次数"，写出 Y 的分布律，并求 $P\{Y\geqslant 1\}$.

解　由于 X 服从指数分布，故顾客在窗口等待服务一次不超过 10 分钟的概率为

$$p=\int_0^{10} f(x)\mathrm{d}x=\int_0^{10}\frac{1}{5}\mathrm{e}^{-\frac{x}{5}}\mathrm{d}x=1-\mathrm{e}^{-2}.$$

因此顾客去银行一次因未等到服务而离开的概率为 $1-p=\mathrm{e}^{-2}$. 又注意到顾客每月到银行 5 次也就是进行了 5 重伯努利试验，故

$$Y\sim b(5,\mathrm{e}^{-2}),$$

于是有

$$P\{Y=k\}=C_5^k(e^{-2})^k(1-e^{-2})^{5-k}\quad(k=0,1,2,3,4,5),$$

$$P\{Y\geqslant 1\}=1-P\{Y=0\}=1-(1-e^{-2})^5\approx 0.5167.$$

例 8 已知随机变量 X 的概率密度为

$$f(x)=\begin{cases}ax+b, & 1<x<3,\\ 0, & \text{其他},\end{cases}$$

其中 a,b 为常数,又知 $P\{2<X<3\}=2P\{-1<X<2\}$,试求 $P\left\{0\leqslant X\leqslant\frac{3}{2}\right\}$.

分析 解决问题的关键是确定密度函数中的常数 a 和 b,而 a 和 b 的确定需要两个条件,其中一个为题设条件,另一个为 $\int_{-\infty}^{+\infty}f(x)\mathrm{d}x=1$.

解 由概率密度的性质知

$$1=\int_{-\infty}^{+\infty}f(x)\mathrm{d}x=\int_1^3(ax+b)\mathrm{d}x=4a+2b.$$

又

$$P\{2<X<3\}=\int_2^3 f(x)\mathrm{d}x=\int_2^3(ax+b)\mathrm{d}x=\frac{5}{2}a+b,$$

$$P\{-1<X<2\}=\int_{-1}^2 f(x)\mathrm{d}x=\int_{-1}^1 0\mathrm{d}x+\int_1^2(ax+b)\mathrm{d}x=\frac{3}{2}a+b,$$

故 $\frac{5}{2}a+b=2\left(\frac{3}{2}a+b\right)$,即 $a+2b=0$.

于是有

$$\begin{cases}4a+2b=1,\\ a+2b=0,\end{cases}$$

解得 $a=\frac{1}{3},b=-\frac{1}{6}$.

从而

$$P\left\{0\leqslant X\leqslant\frac{3}{2}\right\}=\int_0^{\frac{3}{2}}f(x)\mathrm{d}x=\int_1^{\frac{3}{2}}\left(\frac{1}{3}x-\frac{1}{6}\right)\mathrm{d}x=\frac{1}{8}.$$

例 9 某公司准备通过考试招工 300 名,其中有 280 名正式工、20 名临时工.实际报考人数为 1657 名,考试满分 400 分.考试不久后,通过当地新闻媒体得到如下消息:考试平均成绩是 166 分,360 分以上的高分考生有 31 名.假设考试成绩服从正态分布.若某考生 A 的成绩为 256 分,问他能否被录取?若被录取,能否是正式工?

解 先预测最低录取分数线，记最低录取分数为 x_0，设考生成绩为 X，则 X 服从正态分布，即 $X \sim N(166, \sigma^2)$，从而 $Y = \frac{X-166}{\sigma} \sim N(0,1)$，由题设知

$$P\{X > 360\} = P\left\{Y > \frac{360-166}{\sigma}\right\} \approx \frac{31}{1657},$$

于是

$$\Phi\left(\frac{360-166}{\sigma}\right) = 1 - \frac{31}{1657} \approx 0.981.$$

查正态分布表，得 $\frac{360-166}{\sigma} = 2.08$，即得 $\sigma = 93$，因此 $X \sim N(166, 93^2)$.

因为最低录取分数线 x_0 的确定，应使成绩高于此线的考生的概率等于 $\frac{300}{1657}$，即

$$P\{X > x_0\} = P\left\{Y > \frac{x_0-166}{93}\right\} \approx \frac{300}{1657},$$

故

$$\Phi\left(\frac{x_0-166}{93}\right) \approx 1 - \frac{300}{1657} = 0.819.$$

查正态分布表，得 $\frac{x_0-166}{93} \approx 0.91$，故 $x_0 \approx 251$，即最低录取分数线是 251 分.

下面预测考生 A 的名次，其成绩为 256 分. 由于

$$P\{X < 256\} = P\left\{Y < \frac{256-166}{93}\right\} = \Phi\left(\frac{256-166}{93}\right) \approx 0.831,$$

故 $P\{X > 256\} \approx 1 - 0.831 = 0.169$.

上式表示成绩高于考生 A 的人数约占总人数的 16.9%. 由 $1657 \times 0.169 \approx 282$，知考生 A 大约排在 283 名，因为该考生的成绩是 256 分，大于录取分数线 251 分，所以该考生 A 能被录取. 但他的排名是 283，排在 280 名之后，所以他只能是临时工.

例 10 某人从南郊前往北郊火车站乘火车，有两条路可走. 第一条路穿过市中心，路程较短，但交通拥挤，所需时间(单位：分钟)服从正态分布 $N(35, 80)$；第二条路沿环城公路走，路程较长，但意外阻塞较少，所需时间服从正态分布 $N(40, 20)$. 试问：

(1) 若有 50 分钟时间可用，应走哪条路？

(2) 若只有 40 分钟时间可用，又应该走哪条路线？

分析 决策的原则应该是选择在允许的时间内有较大概率赶到火车站的

路线.

解 设 $X=\{$此人沿第一条路从南郊到北郊火车站所需的时间$\}$, $Y=\{$此人沿第二条路从南郊到北郊火车站所需的时间$\}$.

依题意有 $X\sim N(35,80)$, $Y\sim N(40,20)$.

(1) 若有 50 分钟可用,由于

$$P\{X\leqslant 50\}=\Phi\left(\frac{50-35}{\sqrt{80}}\right)=\Phi(1.677)\approx 0.9535,$$

$$P\{Y\leqslant 50\}=\Phi\left(\frac{50-40}{\sqrt{20}}\right)=\Phi(2.236)\approx 0.9874.$$

因此,此人从南郊到北郊火车站沿第二条路走,在 50 分钟内到达的概率比沿第一条路的概率大,故此时应选择沿第二条路走.

(2) 若只有 40 分钟可用,由于

$$P\{X\leqslant 40\}=\Phi\left(\frac{40-35}{\sqrt{80}}\right)=\Phi(0.559)\approx 0.7123,$$

$$P\{Y\leqslant 40\}=\Phi\left(\frac{40-40}{\sqrt{20}}\right)=\Phi(0)\approx 0.5,$$

因此,沿第一条路走在 40 分钟内到达的概率比沿第二条路的概率大,故此时选择沿第一条路走.

例 11 设 X 服从参数为 λ 的指数分布,求 $Y=\min\{X,2\}$ 的分布函数.

解 当 $y<0$ 时, $P\{Y\leqslant y\}=P\{\min\{X,2\}\leqslant y\}=0$;

当 $0\leqslant y<2$ 时, $P\{Y\leqslant y\}=P\{\min\{X,2\}\leqslant y\}=P\{X\leqslant y\}=1-e^{-\lambda y}$;

当 $y\geqslant 2$ 时, $P\{Y\leqslant y\}=P\{\min\{X,2\}\leqslant y\}=1$.

所以

$$F_Y(y)=\begin{cases}0, & y<0,\\ 1-e^{-\lambda y}, & 0\leqslant y<2,\\ 1, & y\geqslant 2.\end{cases}$$

例 12 设随机变量 X 在区间 $(-2,1)$ 上服从均匀分布,求 $Y=X^2$ 的概率密度.

解 X 的概率密度为

$$f_X(x)=\begin{cases}\dfrac{1}{3}, & -2<x<1,\\ 0, & \text{其他}.\end{cases}$$

先来求 Y 的分布函数 $F_Y(y)$.

因为 $0<y=x^2<4$,故当 $y\leqslant 0$ 时, $F_Y(y)=0$;当 $y\geqslant 4$ 时, $F_Y(y)=1$;当

$0<y<4$时，$F_Y(y)=P\{Y\leqslant y\}=P\{X^2\leqslant y\}=P\{-\sqrt{y}\leqslant X\leqslant\sqrt{y}\}=F_X(\sqrt{y})-F_X(-\sqrt{y})$.

将 $F_Y(y)$关于 y 求导得到 Y 的概率密度为

$$f_Y(y)=\begin{cases}\dfrac{1}{2\sqrt{y}}[f_X(\sqrt{y})+f_X(-\sqrt{y})], & 0<y<4,\\ 0, & \text{其他}.\end{cases}$$

当 $0<y<1$ 时，$0<\sqrt{y}<1$，$-1<-\sqrt{y}<0$，于是

$$f_X(\sqrt{y})=\frac{1}{3},f_X(-\sqrt{y})=\frac{1}{3};$$

当 $1<y<4$ 时，$1<\sqrt{y}<2$，$-2<-\sqrt{y}<-1$，于是

$$f_X(\sqrt{y})=0,f_X(-\sqrt{y})=\frac{1}{3}.$$

因此

$$f_Y(y)=\begin{cases}\dfrac{1}{2\sqrt{y}}\left(\dfrac{1}{3}+\dfrac{1}{3}\right), & 0<y\leqslant 1,\\ \dfrac{1}{2\sqrt{y}}\left(0+\dfrac{1}{3}\right), & 1<y\leqslant 4,\\ 0, & \text{其他}.\end{cases}$$

即

$$f_Y(y)=\begin{cases}\dfrac{1}{3\sqrt{y}}, & 0<y\leqslant 1,\\ \dfrac{1}{6\sqrt{y}}, & 1<y\leqslant 4,\\ 0, & \text{其他}.\end{cases}$$

五、自测练习

A 组

1. 袋中有 5 个大小相同的小球，其中有 1 个白球和 4 个黑球，每次从中任取 1 个球，每次取出的黑球不再放回去，直到取出白球为止. 求取球次数 X 的分布律.

2. 已知随机变量 X 只能取$-1,0,1,2$ 四个值，相应的概率依次为$\dfrac{1}{2C}$，$\dfrac{3}{4C}$，$\dfrac{5}{8C}$，

$\frac{7}{16C}$,试确定常数 C,并计算 $P\{X<1|X\neq 0\}$.

3. 某射手对目标独立射击 5 发,单发命中率为 0.6,求:

(1) 恰好命中 2 发的概率;

(2) 至多命中 3 发的概率;

(3) 至少命中 1 发的概率.

4. 设某商店中每月销售某种商品的数量服从参数为 7 的泊松分布,问在月初进货时应进多少件此种商品,才能保证当月不脱销的概率为 0.999?

5. 设随机变量 X 的概率密度为

$$f(x)=\begin{cases} kx+1, & 0\leqslant x<2, \\ 0, & \text{其他}. \end{cases}$$

求:(1) k 的值; (2) X 的分布函数; (3) $P\{1<X<2\}$.

6. 设 K 在区间$[0,5]$上服从均匀分布,求关于 x 的方程 $4x^2+4Kx+K+2=0$ 有实数根的概率.

7. 设 X 服从正态分布 $N(-1,16)$,借助于标准正态分布表计算:

(1) $P\{X<2.44\}$; (2) $P\{X>1.5\}$; (3) $P\{|X|<4\}$; (4) $P\{-5<X<2\}$.

8. 某地区 18 岁的女青年的血压服从正态分布 $N(110,12^2)$,在该地区任选一 18 岁的女青年测量她的血压 X.

(1) 求 $P\{X\leqslant 105\}$,$P\{100<X\leqslant 120\}$;

(2) 确定最小的 x,使 $P\{X>x\}\leqslant 0.05$.

9. 设随机变量 X 的分布律为

X	-2	-1	0	1
P	$\frac{1}{5}$	$\frac{1}{7}$	$\frac{13}{35}$	$\frac{2}{7}$

求:(1) $Y=X^2$ 的分布律; (2) $Y=3X+1$ 的分布律.

10. 设随机变量 X 在$[0,1]$上服从均匀分布,试求:

(1) $Y=e^{2X}$的概率密度; (2) $Z=-3\ln X$ 的概率密度.

B 组

1. 一袋中装有 4 个球,球上分别标有号码 1,2,3,4. 从中任意取 2 个球,以 X 表示"取出的球中的较小的号码",求 X 的分布律与分布函数.

2. 在纺织工厂里一个女工照顾 800 个纱锭,每个纱锭旋转时,由于偶然的原因,纱会被扯断,设在某一段时间内每个纱锭上的纱被扯断的概率等于0.005,求在这段时间内断纱次数不大于10的概率.

3. 设随机变量 X 的分布函数为

$$F(x)=\begin{cases}0, & x<0,\\ Ax, & 0\leqslant x\leqslant 1,\\ 1, & x>1.\end{cases}$$

求:(1) A 的值;　(2) X 落在 $\left(-1,\dfrac{1}{2}\right)$ 及 $\left(\dfrac{1}{3},2\right)$ 内的概率;

(3) X 的概率密度函数.

4. 假设一电路装有三个同种电子元件,其工作状态相互独立,且无故障时间都服从参数为 $\dfrac{1}{\lambda}>0$ 的指数分布. 当三个元件都无故障工作时,电路正常工作,否则整个电路不能正常工作,试求电路正常工作的时间 T 的概率分布.

5. 在电源电压不超过200V、在200~240V和超过240V三种情形下,某种电子元件损坏的概率分别为0.1,0.001和0.2,假设电源电压服从正态分布 $N(220,25^2)$(单位:V),试求:

(1) 该电子元件损坏的概率 α;

(2) 该电子元件损坏时,电源电压在200~240V的概率 β.

6. 设某城市成年男子的身高 $X\sim N(170,6^2)$(单位:cm).

(1) 问应如何设计公共汽车车门的高度,使成年男子与车门顶碰头的概率小于0.01?

(2) 若车门设计高度为182cm,求10个成年男子中与车门顶碰头的人数不多于1人的概率.

7. 设随机变量 X 的概率密度为

$$f(x)=\begin{cases}\dfrac{1}{3\sqrt[3]{x^2}}, & x\in[1,8],\\ 0, & \text{其他},\end{cases}$$

$F(x)$ 是 X 的分布函数,求随机变量 $Y=F(X)$ 的分布函数.

8. 设随机变量 X 的概率密度为 $f(x)=\dfrac{1}{2}\mathrm{e}^{-|x|}\ (-\infty<x<+\infty)$.

(1) 求 $Y=|X|$ 的分布函数 $F_Y(y)$;

(2) 证明:对任意的实数 $a>0,b>0$,均有 $P\{Y\geqslant a+b\mid Y\geqslant a\}=P\{Y\geqslant b\}$.

第3章 多维随机变量及其分布

一、目的要求

1. 了解二维随机变量及其分布函数的概念和性质.

2. 掌握二维离散型随机变量的联合分布律和边缘分布律的概念和性质,并会用上述知识计算有关事件的概率.

3. 掌握二维连续型随机变量的联合概率密度和边缘概率密度的概念和性质,并会计算相关事件的概率.

4. 了解二维随机变量的条件分布.

5. 理解随机变量独立性的概念,并会用独立性计算概率.

6. 了解二维均匀分布、二维正态分布的概率密度,理解其中参数的概率意义.

7. 会求两个随机变量简单函数的分布,会求多个相互独立随机变量简单函数的分布.

二、内容提要

1. 二维随机变量

设随机试验 E 的样本空间 $S=\{e\}$,$X=x(e)$和 $Y=y(e)$是定义在 S 上的随机变量,由它们构成的一个向量(X,Y),叫作二维随机向量或二维随机变量.

2. 联合分布函数

设(X,Y)是二维随机变量,对于任意实数 x,y,二元函数

$$F(x,y)=P\{(X\leqslant x)\cap(Y\leqslant y)\}\xlongequal{\text{记成}}P\{X\leqslant x,Y\leqslant y\}$$

称为二维随机变量(X,Y)的分布函数,或称为随机变量X和Y的联合分布函数.

联合分布函数$F(x,y)$具有以下性质:

1° $F(x,y)$是变量x和y的不减函数,即对于任意固定的y,当$x_2>x_1$时,$F(x_2,y)\geqslant F(x_1,y)$;对于任意固定的$x$,当$y_2>y_1$时,$F(x,y_2)\geqslant F(x,y_1)$.

2° $0\leqslant F(x,y)\leqslant 1$,且对于任意固定的$y$,$F(-\infty,y)=0$,对于任意固定的$x$,$F(x,-\infty)=0$,$F(-\infty,-\infty)=0$,$F(+\infty,+\infty)=1$.

3° $F(x+0,y)=F(x,y)$,$F(x,y+0)=F(x,y)$,即$F(x,y)$关于x右连续,关于y也右连续.

4° 对于任意(x_1,y_1),(x_2,y_2),$x_1<x_2$,$y_1<y_2$,下述不等式成立

$$F(x_2,y_2)-F(x_2,y_1)-F(x_1,y_2)+F(x_1,y_1)\geqslant 0.$$

3. 二维离散型随机变量及其分布

(1) 二维离散型随机变量

如果二维随机变量(X,Y)全部可能取到的值是有限对或可列无限多对,则称(X,Y)是离散型的随机变量.

(2) 联合分布律

设二维离散型随机变量(X,Y)所有可能取的值为(x_i,y_j),$i,j=1,2,\cdots$,记$P\{X=x_i,Y=y_j\}=p_{ij}$,$i,j=1,2,\cdots$,则称$P\{X=x_i,Y=y_j\}=p_{ij}$,$i,j=1,2,\cdots$为二维离散型随机变量(X,Y)的分布律,或称随机变量X和Y的联合分布律.

上述分布律具有以下性质:

$$p_{ij}\geqslant 0,\sum_{i=1}^{\infty}\sum_{j=1}^{\infty}p_{ij}=1,$$

且有$F(x,y)=\sum\limits_{x_i\leqslant x}\sum\limits_{y_j\leqslant y}p_{ij}$,其中和式是对一切满足$x_i\leqslant x$,$y_j\leqslant y$的$i,j$来求和的.

(3) 边缘分布律

对于离散型随机变量(X,Y),设(X,Y)的分布律为

$$P\{X=x_i,Y=y_j\}=p_{ij},i,j=1,2,\cdots,$$

则X,Y的分布律分别为

$$P\{X=x_i\}=\sum_{j=1}^{\infty}p_{ij}\xlongequal{\text{记成}}p_{i\cdot},i=1,2,\cdots,$$

$$P\{Y=y_j\}=\sum_{i=1}^{\infty}p_{ij}\xlongequal{\text{记成}}p_{\cdot j},j=1,2,\cdots,$$

它们分别称为(X,Y)关于X和关于Y的边缘分布律.

4. 二维连续型随机变量及其分布

(1) 二维连续型随机变量及其联合概率密度

对于二维随机变量(X,Y)的分布函数$F(x,y)$,如果存在非负函数$f(x,y)$,使得对于任意x,y有

$$F(x,y)=\int_{-\infty}^{y}\int_{-\infty}^{x}f(u,v)\mathrm{d}u\mathrm{d}v,$$

则称(X,Y)是连续型二维随机变量,函数$f(x,y)$称为二维随机变量(X,Y)的概率密度,或称为随机变量X和Y的联合概率密度.

上述概率密度具有以下性质:

1° $f(x,y)\geqslant 0$;

2° $\int_{-\infty}^{+\infty}\int_{-\infty}^{+\infty}f(x,y)\mathrm{d}x\mathrm{d}y=F(+\infty,+\infty)=1$;

3° 设G是xOy平面上的区域,点(X,Y)落在G内的概率为

$$P\{(X,Y)\in G\}=\iint\limits_{G}f(x,y)\mathrm{d}x\mathrm{d}y;$$

4° 若$f(x,y)$在点(x,y)处连续,则有$\frac{\partial^2 F(x,y)}{\partial x\partial y}=f(x,y)$.

(2) 边缘概率密度

对于连续型随机变量(X,Y),设它的概率密度为$f(x,y)$,则X,Y均为连续型随机变量,其概率密度分别为

$$f_X(x)=\int_{-\infty}^{+\infty}f(x,y)\mathrm{d}y,$$

$$f_Y(y)=\int_{-\infty}^{+\infty}f(x,y)\mathrm{d}x,$$

并称$f_X(x)$,$f_Y(y)$为(X,Y)关于X和关于Y的边缘概率密度.

5. 条件分布

(1) 离散型随机变量的条件分布律

设(X,Y)是二维离散型随机变量,对于固定的j,若$P\{Y=y_j\}>0$,则称

$$P\{X=x_i|Y=y_j\}=\frac{P\{X=x_i,Y=y_j\}}{P\{Y=y_j\}}=\frac{p_{ij}}{p_{\cdot j}},i=1,2,\cdots$$

为在$Y=y_j$的条件下随机变量X的条件分布律.

同样地,对于固定的 i,若 $P\{X=x_i\}>0$,则称

$$P\{Y=y_j \mid X=x_i\}=\frac{P\{X=x_i,Y=y_j\}}{P\{X=x_i\}}=\frac{p_{ij}}{p_{i\cdot}},j=1,2,\cdots$$

为在 $X=x_i$ 的条件下随机变量 Y 的条件分布律.

(2) 连续型随机变量的条件概率密度

设二维随机变量(X,Y)的概率密度为 $f(x,y)$,(X,Y)关于 Y 的边缘概率密度为 $f_Y(y)$. 若对于固定的 y,$f_Y(y)>0$,则称$\frac{f(x,y)}{f_Y(y)}$为在 $Y=y$ 的条件下 X 的条件概率密度,记为

$$f_{X|Y}(x|y)=\frac{f(x,y)}{f_Y(y)},$$

称 $\int_{-\infty}^{x} f_{X|Y}(x|y)\mathrm{d}x=\int_{-\infty}^{x}\frac{f(x,y)}{f_Y(y)}\mathrm{d}x$ 为在 $Y=y$ 的条件下 X 的条件分布函数,记为 $P\{X\leqslant x|Y=y\}$ 或 $F_{X|Y}(x|y)$,即

$$F_{X|Y}(x|y)=P\{X\leqslant x|Y=y\}=\int_{-\infty}^{x}\frac{f(x,y)}{f_Y(y)}\mathrm{d}x.$$

类似地,可以定义 $f_{Y|X}(y|x)=\frac{f(x,y)}{f_X(x)}$和 $F_{Y|X}(y|x)=\int_{-\infty}^{y}\frac{f(x,y)}{f_X(x)}\mathrm{d}y$.

6. 随机变量的独立性

设 $F(x,y)$及 $F_X(x)$,$F_Y(y)$分别是二维随机变量(X,Y)的分布函数及边缘分布函数. 若对于所有的 x,y 有

$$P\{X\leqslant x,Y\leqslant y\}=P\{X\leqslant x\}P\{Y\leqslant y\},$$

即

$$F(x,y)=F_X(x)F_Y(y),$$

则称随机变量 X 和 Y 是相互独立的.

当(X,Y)是连续型随机变量时,$f(x,y)$,$f_X(x)$,$f_Y(y)$分别为(X,Y)的概率密度和边缘概率密度,则上述 X 和 Y 相互独立的条件等价于:等式

$$f(x,y)=f_X(x)f_Y(y)$$

在平面上几乎处处成立. 其中“几乎处处成立”是指在平面上除去“面积”为零的集合以外,处处成立.

当(X,Y)是离散型随机变量时,X 和 Y 相互独立的条件等价于:对于(X,Y)的所有可能的取值(x_i,y_j),有

$$P\{X=x_i,Y=y_j\}=P\{X=x_i\}P\{Y=y_j\}.$$

7. 随机变量的函数的分布

(1) 二维离散型随机变量的函数的分布

设(X,Y)为二维离散型随机变量,分布律为$P\{X=x_i,Y=y_j\}=p_{ij}$,则$Z=g(X,Y)$的所有可能取值为$Z_{ij}=g(X_i,Y_j)$,分布律为把具有相同Z_{ij}的(x_i,y_j)的对应概率相加.

(2) 二维连续型随机变量的函数的分布

设(X,Y)为二维连续型随机变量,概率密度为$f(x,y)$,则$Z=g(X,Y)$的分布函数为

$$F_Z(z)=P\{g(X,Y)\leqslant z\}=\iint\limits_{g(x,y)\leqslant z} f(x,y)\mathrm{d}x\mathrm{d}y.$$

(3) 两个连续型随机变量和的分布

设(X,Y)是二维连续型随机变量,它具有概率密度$f(x,y)$,则$Z=X+Y$仍为连续型随机变量,其概率密度为

$$f_{X+Y}(z)=\int_{-\infty}^{+\infty}f(z-y,y)\mathrm{d}y \text{ 或 } f_{X+Y}(z)=\int_{-\infty}^{+\infty}f(x,z-x)\mathrm{d}x.$$

又若X和Y相互独立,设(X,Y)关于X,Y的边缘密度分别为$f_X(x)$,$f_Y(y)$,则上述两式可分别化为

$$f_{X+Y}(z)=\int_{-\infty}^{+\infty}f_X(z-y)f_Y(y)\mathrm{d}y,$$

$$f_{X+Y}(z)=\int_{-\infty}^{+\infty}f_X(x)f_Y(z-x)\mathrm{d}x.$$

这两个公式称为f_X和f_Y的卷积公式,记为f_X*f_Y,即

$$f_X*f_Y=\int_{-\infty}^{+\infty}f_X(z-y)f_Y(y)\mathrm{d}y=\int_{-\infty}^{+\infty}f_X(x)f_Y(z-x)\mathrm{d}x.$$

(4) 最值的分布

设随机变量$X_1,X_2,\cdots,X_n$相互独立,分布函数分别为$F_1(x_1),F_2(x_2),\cdots,F_n(x_n)$,则随机变量$Z_1=\max\{X_1,X_2,\cdots,X_n\}$与$Z_2=\min\{X_1,X_2,\cdots,X_n\}$的分布函数分别为

$$F_{\max}(z)=F_1(z)F_2(z)\cdots F_n(z),$$

$$F_{\min}(z)=1-[(1-F_1(z))(1-F_2(z))\cdots(1-F_n(z))].$$

特别地,若$X_1,X_2,\cdots,X_n$相互独立且具有相同的分布函数$F(x)$,则有

$$F_{\max}(z)=[F(z)]^n,$$
$$F_{\min}(z)=1-[1-F(z)]^n.$$

三、复习提问

1. 二维随机变量的实际背景是什么?

答:许多随机现象往往涉及多个随机变量,如射击时着弹点的平面位置是由随机变量 X 和 Y 构成的整体等.无论所涉及的实际问题是否有直观的几何意义,若需把若干个随机变量看成一个整体时,就认为这个整体是个多维随机变量,这就是二维(或多维)随机变量的实际背景.

2. 如何理解二维随机变量 (X,Y) 的联合分布函数性质中的 $F(x,-\infty)=0$, $F(-\infty,y)=0$, $F(-\infty,-\infty)=0$ 和 $F(+\infty,+\infty)=1$?

答:随机变量 (X,Y) 的分布函数 $F(x,y)=P\{X\leqslant x,Y\leqslant y\}$ 可看作 (X,Y) 落在无穷矩形域 $X\leqslant x,Y\leqslant y$ 的概率,由此可知:

$F(x,-\infty)$ 就是将矩形的上边界无限向下移,则"(X,Y) 落在无穷矩形内"趋于不可能事件,概率趋于0;

$F(-\infty,y)$ 就是将矩形的右边界无限向左移,则"(X,Y) 落在无穷矩形内"趋于不可能事件,概率趋于0;

$F(-\infty,-\infty)$ 就是将矩形的右上边界无限向左下移,则"(X,Y) 落在无穷矩形内"趋于不可能事件,概率趋于0;

$F(+\infty,+\infty)$ 就是将矩形扩大为整个平面,则"(X,Y) 落在无穷矩形内"趋于必然事件,概率趋于1.

3. 边缘分布能决定联合分布吗?

答:已知联合分布可以求出边缘分布,但已知边缘分布却无法求出联合分布.又若两个随机变量相互独立,则可由边缘分布求出联合分布.

4. 二维随机变量的边缘分布与一维随机变量分布的联系和区别是什么?

答:通常情况下可以认为二维随机变量的边缘分布就是对应的一维随机变量的分布,并且边缘分布具有一维随机变量分布的所有性质.但严格来说,两者是有区别的,二维随机变量的边缘分布函数是定义在平面上的,而一维随机变量的分布函数是定义在数轴上的.

5. 随机变量独立性与随机事件独立性的关系是什么?

答:随机变量 X 和 Y 独立的充要条件是,对任意实数集合 A 和 B 有

$$P\{X\in A,Y\in B\}=P\{X\in A\}P\{Y\in B\}$$

成立，即事件$\{X\in A\}$和$\{Y\in B\}$是相互独立的. 由于A,B的任意性，所以随机变量的独立性比通常事件的独立性要求更高.

四、例题分析

例 1 设(X,Y)的分布函数为

$$F(x,y)=A\left(B+\arctan\frac{x}{2}\right)\left(C+\arctan\frac{y}{3}\right).$$

试求：(1) 系数A,B,C；(2) (X,Y)的概率密度；(3) 边缘分布及边缘概率密度.

解 (1) 由分布函数的性质知

$$F(+\infty,+\infty)=A\left(B+\frac{\pi}{2}\right)\left(C+\frac{\pi}{2}\right)=1,$$

$$F(x,-\infty)=A\left(B+\arctan\frac{x}{2}\right)\left(C-\frac{\pi}{2}\right)=0,$$

$$F(-\infty,y)=A\left(B-\frac{\pi}{2}\right)\left(C+\arctan\frac{y}{3}\right)=0,$$

解得

$$A=\frac{1}{\pi^2},B=\frac{\pi}{2},C=\frac{\pi}{2}.$$

所以

$$F(x,y)=\frac{1}{\pi^2}\left(\frac{\pi}{2}+\arctan\frac{x}{2}\right)\left(\frac{\pi}{2}+\arctan\frac{y}{3}\right).$$

(2) $f(x,y)=\dfrac{\partial^2 F(x,y)}{\partial x\partial y}=\dfrac{6}{\pi^2(x^2+4)(y^2+9)}$.

(3) $F_X(x)=F(x,+\infty)=\dfrac{1}{2}+\dfrac{1}{\pi}\arctan\dfrac{x}{2}$,

$$F_Y(y)=F(+\infty,y)=\frac{1}{2}+\frac{1}{\pi}\arctan\frac{y}{3},$$

$$f_X(x)=\frac{\mathrm{d}F_X(x)}{\mathrm{d}x}=\frac{1}{\pi}\frac{\frac{1}{2}}{1+\left(\frac{x}{2}\right)^2}=\frac{2}{\pi(4+x^2)},$$

$$f_Y(y)=\frac{\mathrm{d}F_Y(y)}{\mathrm{d}y}=\frac{1}{\pi}\frac{\frac{1}{3}}{1+\left(\frac{y}{3}\right)^2}=\frac{3}{\pi(9+y^2)}.$$

例2　两名水平相当的棋手弈棋3盘，以X表示“某名棋手输赢盘数之差的绝对值”，以Y表示“他获胜的盘数”. 假定没有和棋，试写出X和Y的联合分布律及它们的边缘分布律.

解　获胜盘数Y服从参数为$\frac{1}{2}$的二项分布，即$Y\sim b\left(3,\frac{1}{2}\right)$，3盘中失败的次数为$3-Y$，从而$X=|Y-(3-Y)|$，且$X$的取值为1，3，故

$$P\{X=1,Y=0\}=P(\varnothing)=0,$$

$$P\{X=3,Y=0\}=P\{Y=0\}P\{X=3|Y=0\}=C_3^0\left(\frac{1}{2}\right)^3\times 1=\frac{1}{8},$$

$$P\{X=1,Y=1\}=P\{Y=1\}P\{X=1|Y=1\}=C_3^1\left(\frac{1}{2}\right)^3\times 1=\frac{3}{8},$$

$$P\{X=3,Y=1\}=P(\varnothing)=0,$$

$$P\{X=1,Y=2\}=P\{Y=2\}P\{X=1|Y=2\}=C_3^2\left(\frac{1}{2}\right)^3=\frac{3}{8},$$

$$P\{X=3,Y=2\}=P(\varnothing)=0,$$

$$P\{X=3,Y=1\}=P(\varnothing)=0,$$

$$P\{X=3,Y=3\}=P\{Y=3\}P\{X=3|Y=3\}=C_3^3\left(\frac{1}{2}\right)^3=\frac{1}{8}.$$

于是(X,Y)的分布律为

X \ Y	0	1	2	3
1	0	$\frac{3}{8}$	$\frac{3}{8}$	0
3	$\frac{1}{8}$	0	0	$\frac{1}{8}$

而X的边缘分布律为

X	1	3
P	$\frac{3}{4}$	$\frac{1}{4}$

Y的边缘分布律为

Y	0	1	2	3
P	$\frac{1}{8}$	$\frac{3}{8}$	$\frac{3}{8}$	$\frac{1}{8}$

例3　湖中有3条鱼，用网去捕鱼，设一条鱼被捕到的概率为p，各条鱼是否被捕到相互独立. 以X记“第一网捕到的鱼的条数”，以Y记“第二网捕到的鱼的条数”.

(1) 求 X,Y 的联合分布律； (2) 求边缘分布律.

解 (1) 由题意知 $X\sim b(3,p)$，则有

$$P\{X=k\}=C_3^k p^k(1-p)^{3-k},k=0,1,2,3.$$

且当 $X=0$ 时，$Y\sim b(3,p)$；当 $X=1$ 时，$Y\sim b(2,p)$；当 $X=2$ 时，$Y\sim b(1,p)$；当 $X=3$ 时，$Y=0$.

故 X,Y 可能取的值均为 0,1,2,3，于是

$$P\{Y=k|X=0\}=C_3^k p^k(1-p)^{3-k},k=0,1,2,3,$$

$$P\{Y=k|X=1\}=C_2^k p^k(1-p)^{2-k},k=0,1,2,$$

$$P\{Y=k|X=2\}=C_1^k p^k(1-p)^{1-k},k=0,1,$$

$$P\{Y=0|X=3\}=1.$$

由乘法公式可得 X 和 Y 的联合分布律如下：

$$P\{X=0,Y=0\}=P\{X=0\}P\{Y=0|X=0\}=(1-p)^3(1-p)^3=(1-p)^6,$$

$$P\{X=1,Y=2\}=P\{X=1\}P\{Y=2|X=1\}=3p(1-p)^2\cdot p^2=3p^3(1-p)^2,$$

$$P\{X=2,Y=1\}=P\{X=2\}P\{Y=1|X=2\}=3p^2(1-p)\cdot p=3p^3(1-p).$$

另外，

$$P\{X=1,Y=3\}=0,P\{X=2,Y=k\}=0,k=2,3;$$

$$P\{X=3,Y=k\}=0,k=1,2,3.$$

故 X 和 Y 的联合分布律为

Y \ X	0	1	2	3
0	$(1-p)^6$	$3p(1-p)^4$	$3p^2(1-p)^2$	p^3
1	$3p(1-p)^5$	$6p^2(1-p)^3$	$3p^3(1-p)$	0
2	$3p^2(1-p)^4$	$3p^3(1-p)^2$	0	0
3	$p^3(1-p)^3$	0	0	0

(2) (X,Y)关于 X 的边缘分布律即为 X 的分布律，即

$$P\{X=k\}=C_3^k p^k(1-p)^{3-k},k=0,1,2,3.$$

Y 的分布律为

$$P\{Y=0\}=(1-p)^6+3p(1-p)^4+3p^2(1-p)^2+p^3=[1-p(1-p)]^3,$$

$$P\{Y=1\}=3p(1-p)^5+6p^2(1-p)^3+3p^3(1-p)$$
$$=3p(1-p)[1-p(1-p)]^2,$$

$$P\{Y=2\}=3p^2(1-p)^4+3p^3(1-p)^2=3p^2(1-p)^2[1-p(1-p)],$$

$$P\{Y=3\}=p^3(1-p)^3=[p(1-p)]^3,$$

即知 $Y\sim b(3,p(1-p))$.

例4　已知随机变量 X_1 和 X_2 的分布律分别为

X_1	-1	0	1
P	$\frac{1}{4}$	$\frac{1}{2}$	$\frac{1}{4}$

X_2	0	1
P	$\frac{1}{2}$	$\frac{1}{2}$

且 $P\{X_1X_2=0\}=1$.

(1) 求 X_1 和 X_2 的联合分布律；(2) 问 X_1 和 X_2 是否独立？为什么？

解　(1) 由 $P\{X_1X_2=0\}=1$,知 $P\{X_1X_2\neq 0\}=0$,即

$$P\{X_1=-1,X_2=1\}=P\{X_1=1,X_2=1\}=0.$$

于是 X_1 和 X_2 的联合分布律有如下结构：

X_1 \ X_2	0	1	$p_{x_1}\cdot$
-1	p_{11}	0	$\frac{1}{4}$
0	p_{21}	p_{22}	$\frac{1}{2}$
1	p_{31}	0	$\frac{1}{4}$
$p_{\cdot x_2}$	$\frac{1}{2}$	$\frac{1}{2}$	1

利用边缘分布和联合分布的关系知

$$P\{X_1=-1\}=P\{X_1=-1,X_2=0\}+P\{X_1=-1,X_2=1\},$$

即 $p_{11}+0=\frac{1}{4}$,故 $p_{11}=\frac{1}{4}$.

同理可知 $p_{22}=\frac{1}{2}$,$p_{31}=\frac{1}{4}$,$p_{21}=0$. 故 X_1 和 X_2 的联合分布律为

X_1 \ X_2	0	1
-1	$\frac{1}{4}$	0
0	0	$\frac{1}{2}$
1	$\frac{1}{4}$	0

(2) 由以上结果可知 $P\{X_1=0,X_2=0\}=0$.

而 $P\{X_1=0\}P\{X_2=0\}=\frac{1}{2}\times\frac{1}{2}=\frac{1}{4}\neq 0$,所以 X_1 与 X_2 不独立.

例 5 二维随机变量(X,Y)在矩形区域$G=\{(x,y)\mid 0\leqslant x\leqslant 2,0\leqslant y\leqslant 1\}$上服从均匀分布，记$U=\begin{cases}0, & X\leqslant Y,\\ 1, & X>Y,\end{cases}$ $V=\begin{cases}0, & X\leqslant 2Y,\\ 1, & X>2Y.\end{cases}$试求$U$和$V$的联合分布律.

解 由已知条件可知(X,Y)的联合概率密度为

$$f(x,y)=\begin{cases}\dfrac{1}{2}, & (x,y)\in G,\\ 0, & 其他.\end{cases}$$

二维随机变量(U,V)的可能取值为$(0,0),(0,1),(1,0),(1,1)$，且

$$\begin{aligned}P\{U=0,V=0\}&=P\{X\leqslant Y,X\leqslant 2Y\}=P\{X\leqslant Y\}\\&=\iint\limits_{X\leqslant Y}f(x,y)\mathrm{d}x\mathrm{d}y=\int_0^1\mathrm{d}x\int_x^1\frac{1}{2}\mathrm{d}y=\frac{1}{4},\\P\{U=0,V=1\}&=P\{X\leqslant Y,X>2Y\}=P\{\varnothing\}=0,\\P\{U=1,V=0\}&=P\{X>Y,X\leqslant 2Y\}=P\{Y<X\leqslant 2Y\}\\&=\iint\limits_{Y<X\leqslant 2Y}f(x,y)\mathrm{d}x\mathrm{d}y=\int_0^1\mathrm{d}y\int_y^{2y}\frac{1}{2}\mathrm{d}x=\frac{1}{4},\\P\{U=1,V=1\}&=P\{X>Y,X>2Y\}=P\{X>2Y\}\\&=\iint\limits_{X>2Y}f(x,y)\mathrm{d}x\mathrm{d}y=\int_0^2\mathrm{d}x\int_0^{\frac{x}{2}}\frac{1}{2}\mathrm{d}y=\frac{1}{2}.\end{aligned}$$

从而U和V的联合分布律为

X \ Y	0	1
0	$\frac{1}{4}$	0
1	$\frac{1}{4}$	$\frac{1}{2}$

例 6 设随机变量(X,Y)的联合概率密度为

$$f(x,y)=\begin{cases}Cxe^{-y}, & 0<x<y<+\infty,\\ 0, & 其他.\end{cases}$$

(1) 求常数C.

(2) X与Y是否独立？为什么？

(3) 求$f_{X|Y}(x|y),f_{Y|X}(y|x)$.

(4) 求$P\{X<1|Y<2\},P\{X<1|Y=2\}$.

(5) 求(X,Y)的联合分布函数.

(6) 求$Z=X+Y$的密度函数.

(7) 求 $P\{X+Y<1\}$.

(8) 求 $P\{\min(X,Y)<1\}$.

解　(1) 根据 $\int_{-\infty}^{+\infty}\int_{-\infty}^{+\infty}f(x,y)\mathrm{d}x\mathrm{d}y=1$,得

$$1=\int_0^{+\infty}\mathrm{d}y\int_0^y Cx\mathrm{e}^{-y}\mathrm{d}x=\frac{C}{2}\int_0^{+\infty}y^2\mathrm{e}^{-y}\mathrm{d}y=\frac{C}{2}\Gamma(3)=C.$$

(这里利用了特殊函数 $\Gamma(\alpha)=\int_0^{+\infty}x^{\alpha-1}\mathrm{e}^{-x}\mathrm{d}x$ 的性质:$\Gamma(\alpha+1)=\alpha\Gamma(\alpha)$)

故 $C=1$.

(2) $f_X(x)=\int_{-\infty}^{+\infty}f(x,y)\mathrm{d}y=\begin{cases}\int_x^{+\infty}x\mathrm{e}^{-y}\mathrm{d}y, & x>0,\\ 0, & x\leqslant 0\end{cases}=\begin{cases}x\mathrm{e}^{-x}, & x>0,\\ 0, & x\leqslant 0,\end{cases}$

$f_Y(y)=\int_{-\infty}^{+\infty}f(x,y)\mathrm{d}x=\begin{cases}\int_0^y x\mathrm{e}^{-y}\mathrm{d}x, & y>0,\\ 0, & y\leqslant 0\end{cases}=\begin{cases}\frac{1}{2}y^2\mathrm{e}^{-y}, & y>0,\\ 0, & y\leqslant 0.\end{cases}$

由于在 $0<x<y<+\infty$ 上,$f(x,y)\neq f_X(x)f_Y(y)$,故 X 与 Y 不独立.

(3) 由条件概率密度的定义知

$$f_{X|Y}(x|y)=\frac{f(x,y)}{f_Y(y)}=\begin{cases}\frac{2x}{y^2}, & 0<x<y<+\infty,\\ 0, & \text{其他}.\end{cases}$$

$$f_{Y|X}(y|x)=\frac{f(x,y)}{f_X(x)}=\begin{cases}\mathrm{e}^{x-y}, & 0<x<y<+\infty,\\ 0, & \text{其他}.\end{cases}$$

(4) 直接由条件概率的定义可知

$$P\{X<1\mid Y<2\}=\frac{P\{X<1,Y<2\}}{P\{Y<2\}}=\frac{\int_{-\infty}^1\int_{-\infty}^2 f(x,y)\mathrm{d}x\mathrm{d}y}{\int_{-\infty}^2 f_Y(y)\mathrm{d}y}$$

$$=\frac{\int_0^1\mathrm{d}x\int_x^2 x\mathrm{e}^{-y}\mathrm{d}y}{\int_0^2\frac{1}{2}\mathrm{e}^{-y}y^2\mathrm{d}y}=\frac{1-2\mathrm{e}^{-1}-\frac{1}{2}\mathrm{e}^{-2}}{1-5\mathrm{e}^{-2}}.$$

而

$$P\{X<1\mid Y=2\}=\int_{-\infty}^1 f_{X|Y}(x|y=2)\mathrm{d}x,$$

其中

$$f_{X|Y}(x|y=2)=\begin{cases}\frac{1}{2}x, & 0<x<2,\\ 0, & \text{其他}.\end{cases}$$

故

$$P\{X<1\mid Y=2\}=\int_0^1\frac{1}{2}x\mathrm{d}x=\frac{1}{4}.$$

(5) 由于 $F(x,y)=P\{X\leqslant x,Y\leqslant y\}$,故

当 $x<0$ 或 $y<0$ 时,$F(x,y)=0$;

当 $0\leqslant y<x<+\infty$ 时,有

$$F(x,y)=P\{X\leqslant x,Y\leqslant y\}=\int_0^y\mathrm{d}v\int_0^v u\mathrm{e}^{-v}\mathrm{d}u=1-\left(\frac{1}{2}y^2+y+1\right)\mathrm{e}^{-y}.$$

当 $0\leqslant x<y<+\infty$ 时,有

$$F(x,y)=P\{X\leqslant x,Y\leqslant y\}=\int_0^x\mathrm{d}u\int_u^y u\mathrm{e}^{-v}\mathrm{d}v=1-(x+1)\mathrm{e}^{-x}-\frac{1}{2}x^2\mathrm{e}^{-y}.$$

综上可知

$$F(x,y)=\begin{cases}0, & x<0\text{ 或 }y<0,\\ 1-\left(\frac{1}{2}y^2+y+1\right)\mathrm{e}^{-y}, & 0\leqslant y<x<+\infty,\\ 1-(x+1)\mathrm{e}^{-x}-\frac{1}{2}x^2\mathrm{e}^{-y}, & 0\leqslant x<y<+\infty.\end{cases}$$

(6) 根据两个随机变量和的密度公式

$$f_Z(z)=\int_{-\infty}^{+\infty}f(x,z-x)\mathrm{d}x.$$

由于要被积函数非零,所以 $0<x<z-x$,即 $0<x<\frac{z}{2}$,从而有

当 $z<0$ 时,$f_Z(z)=0$;

当 $z\geqslant 0$ 时,$f_Z(z)=\int_0^{\frac{z}{2}}x\mathrm{e}^{-(z-x)}\mathrm{d}x=\mathrm{e}^{-z}+\left(\frac{z}{2}-1\right)\mathrm{e}^{-\frac{z}{2}}$.

因此

$$f_Z(z)=\begin{cases}\mathrm{e}^{-z}+\left(\frac{z}{2}-1\right)\mathrm{e}^{-\frac{z}{2}}, & z\geqslant 0,\\ 0, & z<0.\end{cases}$$

(7) $P\{X+Y<1\}=\int_{-\infty}^1 f_Z(z)\mathrm{d}z=\int_0^1\left[\mathrm{e}^{-z}+\left(\frac{z}{2}-1\right)\mathrm{e}^{-\frac{z}{2}}\right]\mathrm{d}z$

$$=1-\mathrm{e}^{-\frac{1}{2}}-\mathrm{e}^{-1}.$$

(8) $P\{\min(X,Y)<1\}=1-P\{\min(X,Y)\geqslant 1\}=1-P\{X\geqslant 1,Y\geqslant 1\}$

$$=1-\int_1^{+\infty}\mathrm{d}v\int_1^{u}u\mathrm{e}^{-v}\mathrm{d}u=1-2\mathrm{e}^{-1}.$$

例 7　设随机变量 X 在区间$(0,1)$上随机地取值，当 X 取到 $x(0<x<1)$时，Y 在$(x,1)$上随机地取值，试求：

(1) (X,Y)的概率密度；

(2) (X,Y)关于 Y 的边缘概率密度；

(3) $P\{X+Y>1\}$.

解　(1) 由题意知，X 在区间$(0,1)$上服从均匀分布，其概率密度为

$$f_X(x)=\begin{cases}1, & 0<x<1,\\ 0, & \text{其他}.\end{cases}$$

而变量 Y 在 $X=x$ 的条件下，在区间$(x,1)$上服从均匀分布，故其条件概率密度为

$$f_{Y|X}(y|x)=\begin{cases}\dfrac{1}{1-x}, & x<y<1,\\ 0, & \text{其他}.\end{cases}$$

故(X,Y)的概率密度为

$$f(x,y)=f_X(x)f_{Y|X}(y|x)=\begin{cases}\dfrac{1}{1-x}, & 0<x<y<1,\\ 0, & \text{其他}.\end{cases}$$

(2) $f_Y(y)=\displaystyle\int_{-\infty}^{+\infty}f(x,y)\mathrm{d}x=\begin{cases}\displaystyle\int_0^y\dfrac{1}{1-x}\mathrm{d}x, & 0<y<1,\\ 0, & \text{其他},\end{cases}$

$$=\begin{cases}-\ln(1-y), & 0<y<1,\\ 0, & \text{其他}.\end{cases}$$

(3) $P\{X+Y>1\}=\displaystyle\iint\limits_{X+Y>1}f(x,y)\mathrm{d}x\mathrm{d}y=\int_{\frac{1}{2}}^1\mathrm{d}y\int_{1-y}^{y}\dfrac{1}{1-x}\mathrm{d}x$

$$=\int_{\frac{1}{2}}^1[\ln y-\ln(1-y)]\mathrm{d}y=\ln 2.$$

例 8　设 A,B 为随机事件，且 $P(A)=\dfrac{1}{4}$，$P(B|A)=\dfrac{1}{3}$，$P(A|B)=\dfrac{1}{2}$. 令

$$X=\begin{cases}1, & A\text{ 发生},\\ 0, & A\text{ 不发生},\end{cases}\quad Y=\begin{cases}1, & B\text{ 发生},\\ 0, & B\text{ 不发生}.\end{cases}$$

求：(1) 二维随机变量(X,Y)的概率分布；(2) $Z=X^2+Y^2$ 的概率分布.

解 (1) 由于 $P(AB)=P(A)P(B|A)=\frac{1}{12}$,$P(B)=\frac{P(AB)}{P(A|B)}=\frac{1}{6}$,所以

$$P\{X=1,Y=1\}=P(AB)=\frac{1}{12},$$

$$P\{X=1,Y=0\}=P(A\overline{B})=P(A)-P(AB)=\frac{1}{6},$$

$$P\{X=0,Y=1\}=P(\overline{A}B)=P(B)-P(AB)=\frac{1}{12},$$

$$P\{X=0,Y=0\}=1-\frac{1}{12}-\frac{1}{6}-\frac{1}{12}=\frac{2}{3}.$$

故(X,Y)的概率分布为

X \ Y	0	1
0	$\frac{2}{3}$	$\frac{1}{12}$
1	$\frac{1}{6}$	$\frac{1}{12}$

(2) Z 的可能取值为 0,1,2,故

$$P\{Z=0\}=P\{X=0,Y=0\}=\frac{2}{3},$$

$$P\{Z=1\}=P\{X=0,Y=1\}+P\{X=1,Y=0\}=\frac{1}{6}+\frac{1}{12}=\frac{1}{4},$$

$$P\{Z=2\}=P\{X=1,Y=1\}=\frac{1}{12}.$$

于是 Z 的概率分布为

Z	0	1	2
P	$\frac{2}{3}$	$\frac{1}{4}$	$\frac{1}{12}$

例 9 某种商品一周的需求量是一个随机变量,其概率密度为

$$f(t)=\begin{cases}te^{-t}, & t>0,\\ 0, & t\leqslant 0.\end{cases}$$

设各周的需求量是相互独立的,试求:

(1) 两周的需求量的概率密度;

(2) 三周的需求量的概率密度.

解 设第 i 周的需求量为 $T_i(i=1,2,3)$,由题设知它们是独立同分布的随机变量.

(1) 两周的需求量为 T_1+T_2,则由随机变量和的卷积公式可知其概率密度为

$$f_{T_1+T_2}(t)=\int_{-\infty}^{+\infty}f(u)f(t-u)\mathrm{d}u=\begin{cases}\int_0^t u\mathrm{e}^{-u}\cdot(t-u)\mathrm{e}^{-(t-u)}\mathrm{d}u, & t>0,\\ 0, & t\leqslant 0\end{cases}$$

$$=\begin{cases}\frac{1}{6}t^3\mathrm{e}^{-t}, & t>0,\\ 0, & t\leqslant 0.\end{cases}$$

(2) 三周的需求量为 $T_1+T_2+T_3$,同上,由和的卷积公式可知其概率密度为

$$f_{T_1+T_2+T_3}(t)=\int_{-\infty}^{+\infty}f_{T_1+T_2}(u)f(t-u)\mathrm{d}u$$

$$=\begin{cases}\int_0^t \frac{1}{6}u^3\cdot\mathrm{e}^{-u}\cdot(t-u)\mathrm{e}^{-(t-u)}\mathrm{d}u, & t>0,\\ 0, & t\leqslant 0\end{cases}$$

$$=\begin{cases}\frac{1}{5!}t^5\mathrm{e}^{-t}, & t>0,\\ 0, & t\leqslant 0.\end{cases}$$

例 10 设二维随机变量(X,Y)在矩形区域$G=\{(x,y)\mid 0\leqslant x\leqslant 2,0\leqslant y\leqslant 1\}$上服从均匀分布,试求边长为 X 和 Y 的矩形的面积 S 的密度函数 $f(s)$.

解 (X,Y)的联合概率密度为

$$f(x,y)=\begin{cases}\frac{1}{2}, & (x,y)\in G,\\ 0, & \text{其他}.\end{cases}$$

设 $F(s)=P\{S\leqslant s\}$为面积 S 的分布函数,则当 $s\leqslant 0$ 时,$F(s)=0$.

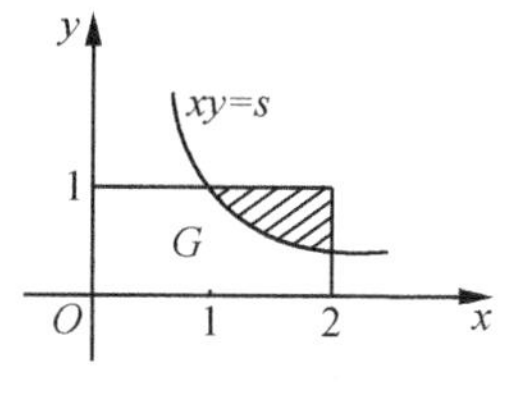

当 $0<s<2$ 时,如右图所示,曲线 $xy=s$ 与矩形区域G 的上边交于点$(s,1)$,位于曲线 $xy=s$ 上方的点满足 $xy>s$,位于曲线 $xy=s$ 下方的点满足 $xy<s$,于是

$$F(s)=P\{S\leqslant s\}=P\{XY\leqslant s\}=1-P\{XY>s\}$$

$$=1-\iint\limits_{XY>s}f(x,y)\mathrm{d}x\mathrm{d}y=1-\iint\limits_{XY>s}\frac{1}{2}\mathrm{d}x\mathrm{d}y$$

$$=1-\frac{1}{2}\int_s^2\mathrm{d}x\int_{\frac{s}{x}}^1\mathrm{d}y=\frac{s}{2}(1+\ln 2-\ln s).$$

当 $s\geqslant 2$ 时,$F(s)=1$. 所以

$$f(s)=F'(s)=\begin{cases}\dfrac{1}{2}(\ln 2-\ln s), & 0<s<2,\\ 0, & 其他.\end{cases}$$

例 11 设系统 L 由两个相互独立的子系统 L_1 和 L_2 连接而成,其连接的方式分别为串联和并联,如右图所示. 设 L_1 和 L_2 的寿命分别为 X 和 Y,已知它们的密度函数分别为

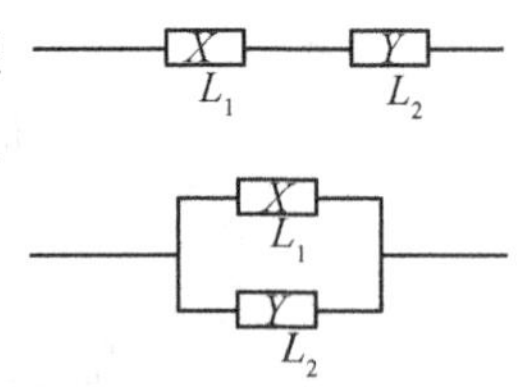

$$f_X(x)=\begin{cases}\alpha e^{-\alpha x}, & x>0,\\ 0, & x\leqslant 0,\end{cases}$$

$$f_Y(y)=\begin{cases}\beta e^{-\beta y}, & y>0,\\ 0, & y\leqslant 0,\end{cases}$$

其中 $\alpha>0,\beta>0$,试分别就以上两种连接方式写出系统 L 的寿命 Z 的密度函数.

解 (1) 串联的情况.

因为当 L_1 和 L_2 中有一个损坏时,系统 L 就停止工作,所以 L 的寿命 $Z=\min(X,Y)$. 因为 X 和 Y 的分布函数分别为

$$F_X(x)=\begin{cases}1-e^{-\alpha x}, & x>0,\\ 0, & x\leqslant 0,\end{cases}$$

$$F_Y(y)=\begin{cases}1-e^{-\beta y}, & y>0,\\ 0, & y\leqslant 0,\end{cases}$$

故 Z 的分布函数为

$$F_Z(z)=1-[1-F_X(z)][1-F_Y(y)]=\begin{cases}1-e^{-(\alpha+\beta)z}, & z>0,\\ 0, & z\leqslant 0.\end{cases}$$

于是 Z 的概率密度为

$$f_Z(z)=F_Z'(z)=\begin{cases}(\alpha+\beta)e^{-(\alpha+\beta)z}, & z>0,\\ 0, & z\leqslant 0.\end{cases}$$

(2) 并联的情况.

因为当 L_1 和 L_2 都损坏时,系统才停止工作,所以 L 的寿命 $Z=\max(X,Y)$,故 Z 的分布函数为

$$F_Z(z)=F_X(z)F_Y(z)=\begin{cases}(1-e^{-\alpha z})(1-e^{-\beta z}), & z>0,\\ 0, & z\leqslant 0.\end{cases}$$

于是 Z 的概率密度为

$$f_Z(z)=F_Z'(z)=\begin{cases}\alpha e^{-\alpha z}+\beta e^{-\beta z}-(\alpha+\beta)e^{-(\alpha+\beta)z}, & z>0,\\ 0, & z\leqslant 0.\end{cases}$$

五、自测练习

A组

1. 设袋中装有依次标有数字1,2,3,3的4个球,从中取球两次,每次任取一个球,用X,Y分别记“第一、二次取得的球上标着的数字”,在下列情况下求(X,Y)的分布律:

(1) 有放回取球;　　(2) 不放回取球.

2. 设将一枚硬币抛掷3次,并以X表示“3次中正面出现的次数”,以Y表示“出现正面次数与反面次数之差的绝对值”,试求(X,Y)的分布律及边缘分布律.

3. 三封信随机地投入编号为1,2,3的三个信箱中,设X为“投入1号信箱的封数”,Y为“投入2号信箱的封数”,求(X,Y)的联合分布律和边缘分布律.

4. 设二维随机变量(X,Y)的分布函数为

$$F(x,y)=\begin{cases}(a-x^{-2})(1-e^{-y+1}), & x>1,y>1,\\ b, & \text{其他}.\end{cases}$$

求:(1) 参数a,b;　(2) $P\{1<X\leqslant 2,0<Y\leqslant 1\}$.

5. 设X与Y的联合密度函数为

$$f(x,y)=\begin{cases}A(2-x)y, & 0\leqslant x\leqslant 1,0\leqslant y\leqslant x,\\ 0, & \text{其他}.\end{cases}$$

求:(1) 参数A;(2) $P\{2X-Y<1\}$;(3) 分布函数在$\left(\frac{1}{2},\frac{1}{4}\right)$,$\left(\frac{1}{2},1\right)$两点的值.

6. 设函数$F(x,y)=\begin{cases}1, & x+2y>1,\\ 0, & x+2y\leqslant 1,\end{cases}$问$F(x,y)$是不是某二维随机变量的联合分布函数?并说明理由.

7. 设二维随机变量(X,Y)的概率密度为

$$f(x,y)=\begin{cases}Cx^2y, & x^2\leqslant y\leqslant 1,\\ 0, & \text{其他}.\end{cases}$$

(1) 试确定常数C;　(2) 求关于X和Y的边缘概率密度.

8. 设随机变量(X,Y)的密度函数为

$$f(x,y)=\begin{cases}ke^{-(3x+4y)}, & x>0,y>0,\\ 0, & \text{其他}.\end{cases}$$

(1) 试确定常数k;　(2) 求(X,Y)的分布函数;　(3) 求$P\{0<X\leqslant 1,0<Y\leqslant 2\}$.

9. 设随机变量(X,Y)在矩形区域$D=\{(x,y)\mid a<x<b,c<y<d\}$内服从均匀分布.

(1) 求联合概率密度及边缘概率密度； (2) 问X,Y是否独立？

10. 设(X,Y)的联合概率密度为

$$f(x,y)=\begin{cases}1, & |y|<x,0<x<1,\\0, & \text{其他}.\end{cases}$$

(1) 求条件概率$f_{X|Y}(x|y),f_{Y|X}(y|x)$；

(2) 求$P\left\{X>\frac{1}{2}\middle|Y>0\right\},P\left\{Y>\frac{1}{2}\middle|X>\frac{1}{2}\right\}$.

11. 设二维随机变量服从区域$D=\{(x,y)\mid x^2+y^2\leqslant1\}$上的均匀分布，求条件密度函数和条件概率$P\left\{X>\frac{1}{2}\middle|Y=0\right\}$.

12. 已知二维随机变量(X,Y)的分布律为

X \ Y	1	2	3
1	$\frac{1}{6}$	$\frac{1}{9}$	$\frac{1}{18}$
2	$\frac{1}{3}$	α	β

问α,β取何值时，X与Y相互独立？

13. 设随机变量(X,Y)的概率密度为

$$f(x,y)=\begin{cases}\frac{1}{2}(x+y)\mathrm{e}^{-(x+y)}, & x>0,y>0,\\0, & \text{其他}.\end{cases}$$

(1) 问X与Y是否相互独立？ (2) 求$Z=X+Y$的概率密度.

14. 设二维随机变量(X,Y)的分布律为

X \ Y	-1	1	2
-1	$\frac{5}{20}$	$\frac{2}{20}$	$\frac{6}{20}$
2	$\frac{3}{20}$	$\frac{3}{20}$	$\frac{1}{20}$

求：(1) $X+Y$的分布律； (2) XY的分布律.

15. 设随机变量X与Y相互独立，且X服从$[0,1]$上的均匀分布，Y服从参数为1的指数分布，试求：

(1) $Z=X+Y$的概率密度； (2) $M=\max(X,Y)$的概率密度；

(3) $N=\min(X,Y)$的概率密度；　(4) $U=2X-Y$ 的概率密度.

B 组

1. 从一副扑克牌(52 张)中任取 13 张牌，设 X 为“红桃”的张数，Y 为“方块”的张数，试求 X 与 Y 的联合分布律.

2. 已知 $P\{X^2=Y^2\}=1$，且 X,Y 的分布律分别如下：

X	0	1
P	$\frac{1}{3}$	$\frac{2}{3}$

Y	-1	0	1
P	$\frac{1}{3}$	$\frac{1}{3}$	$\frac{1}{3}$

求：(1) (X,Y)的分布律；　(2) $Z=XY$ 的分布律.

3. 设某班车在起点站上客人数 X 服从参数为 $\lambda(\lambda>0)$ 的泊松分布，每位乘客在中途下车的概率为 $p(0<p<1)$，且中途下车与否相互独立，以 Y 表示“在中途下车的人数”，求：

(1) 在发车时有 n 个乘客的条件下，中途有 m 个乘客下车的概率；

(2) 二维随机变量(X,Y)的联合分布律；

(3) 关于 Y 的边缘分布律.

4. 设二维随机变量(X,Y)的联合概率密度函数为

$$f(x,y)=\begin{cases}\frac{1}{2}\sin(x+y), & 0\leqslant x\leqslant\frac{\pi}{2},0\leqslant y\leqslant\frac{\pi}{2},\\ 0, & \text{其他}.\end{cases}$$

求(X,Y)的联合分布函数.

5. 设二维随机变量(X,Y)的概率密度为

$$f(x,y)=\begin{cases}x^2+kxy, & 0\leqslant x\leqslant 1,0\leqslant y\leqslant 2,\\ 0, & \text{其他},\end{cases}$$

求：(1) 常数 k；

(2) (X,Y)的两个边缘概率密度；

(3) (X,Y)的两个条件概率密度；

(4) 概率 $P\{X+Y>1\}$，$P\{Y>X\}$以及 $P\left\{Y<\frac{1}{2}\,\middle|\,X<\frac{1}{2}\right\}$.

6. 设 X 和 Y 是两个相互独立的随机变量，它们均匀地分布在$(0,l)$内，试求方程 $t^2+Xt+Y=0$ 有实根的概率.

7. 设二维连续型随机变量(X,Y)在区域 D 上服从均匀分布，其中 $D=\{(x,y)\mid |x+y|\leqslant 1,|x-y|\leqslant 1\}$，试求 X 的边缘概率密度 $f_X(x)$与在 $X=0$ 的条件下关于

Y 的条件概率密度 $f_{Y|X}(y|x=0)$.

8. 设二维随机变量(X,Y)的概率密度为

$$f(x,y)=Ae^{-2x^2+2xy-y^2},-\infty<x,y<+\infty,$$

求常数 A 及条件概率密度 $f_{Y|X}(y|x)$.

9. 设二维随机变量(X,Y)的概率分布为

X \ Y	0	1
0	0.4	a
1	b	0.1

已知随机事件$\{X=0\}$与$\{X+Y=1\}$相互独立,求 a 和 b.

10. 设二维随机变量(ξ,η)的联合概率密度为

$$f(x,y)=\begin{cases}\dfrac{1+xy}{4}, & |x|<1,|y|<1,\\ 0, & \text{其他}.\end{cases}$$

证明:ξ 与 η 不相互独立,但 ξ^2 与 η^2 相互独立.

11. 一旅客到达火车站的时间 X 均匀分布在上午 7:55 至 8:00,而火车在这段时间开出的时刻为 Y,且 Y 具有密度函数

$$f_Y(y)=\begin{cases}\dfrac{2}{25}(5-y), & 0<y\leqslant 2,\\ 0, & \text{其他}.\end{cases}$$

求:(1) 旅客能上火车的概率;

(2) $Z=X+Y$ 的概率密度;

(3) $Z=X-Y$ 的概率密度.

12. 设随机变量 X 和 Y 相互独立,其中 X 的分布律如右图所示,而 Y 的概率密度为 $f(y)$,求随机变量 $Z=X+Y$ 的概率密度.

X	1	2
P	0.3	0.7

13. 设到某火车站购票所需要的时间 X(单位:h)是随机变量,具有概率密度

$$f(x)=\begin{cases}xe^{-x}, & x>0,\\ 0, & x\leqslant 0.\end{cases}$$

某人购票 5 次,设每次购票所需时间相互独立,记 X_i 为"第 $i(i=1,2,3,4,5)$ 次购票所需的时间",$Y=\max\limits_{1\leqslant i\leqslant 5}\{X_i\}$,$Z=\min\limits_{1\leqslant i\leqslant 5}\{X_i\}$.

求:(1) Y 的概率密度; (2) Z 的概率密度.

第4章　随机变量的数字特征

一、目的要求

1. 理解随机变量的数字特征(数学期望、方差、标准差、协方差、相关系数)的概念,并会运用数字特征的基本性质计算具体分布的数字特征.

2. 掌握常用分布的数字特征.

3. 会根据随机变量 X 的概率分布求其函数的数学期望.

4. 会根据随机变量 X 和 Y 的联合概率分布求其函数的数学期望.

5. 了解矩、协方差矩阵的概念.

二、内容提要

1. 数学期望(均值)

(1) 随机变量的数学期望

① 设离散型随机变量 X 的概率分布(或分布律)为 $P\{X=x_k\}=p_k, k=1, 2, \cdots$,若级数 $\sum\limits_{k=1}^{+\infty} x_k p_k$ 绝对收敛,则称级数 $\sum\limits_{k=1}^{+\infty} x_k p_k$ 的和为随机变量 X 的数学期望,记作 $E(X)$,即

$$E(X)=\sum_{k=1}^{+\infty} x_k p_k.$$

② 设连续型随机变量 X 的概率密度为 $f(x)$,若积分 $\int_{-\infty}^{+\infty} x f(x) \mathrm{d}x$ 绝对收敛,

则称积分$\int_{-\infty}^{+\infty} xf(x)\mathrm{d}x$的值为随机变量$X$的数学期望，记作$E(X)$，即

$$E(X)=\int_{-\infty}^{+\infty} xf(x)\mathrm{d}x.$$

(2) 随机变量函数的数学期望

① 设Y是随机变量X的函数，即$Y=g(X)$(g是连续函数).

若X是离散型随机变量，它的概率分布为$p_k=P\{X=x_k\},k=1,2,\cdots$，又若$\sum_{k=1}^{+\infty} g(x_k)p_k$绝对收敛，则有

$$E(Y)=E[g(X)]=\sum_{k=1}^{+\infty} g(x_k)p_k.$$

若X是连续型随机变量，它的概率密度为$f(x)$，又$\int_{-\infty}^{+\infty} g(x)f(x)\mathrm{d}x$绝对收敛，则有

$$E(Y)=E[g(X)]=\int_{-\infty}^{+\infty} g(x)f(x)\mathrm{d}x.$$

② 设Z是随机变量X,Y的函数，即$Z=g(X,Y)$(g为连续函数).

若二维随机变量(X,Y)为离散型随机变量，概率分布为$P\{X=x_i,Y=y_i\}=p_{ij},i,j=1,2,\cdots$，又若$\sum_{j=1}^{+\infty}\sum_{i=1}^{+\infty} g(x_i,y_j)p_{ij}$绝对收敛，则有

$$E(Z)=E[g(X,Y)]=\sum_{j=1}^{+\infty}\sum_{i=1}^{+\infty} g(x_i,y_j)p_{ij}.$$

若二维随机变量(X,Y)为连续型随机变量，概率密度为$f(x,y)$，又若积分$\int_{-\infty}^{+\infty}\int_{-\infty}^{+\infty} g(x,y)f(x,y)\mathrm{d}x\mathrm{d}y$绝对收敛，则有

$$E(Z)=E[g(X,Y)]=\int_{-\infty}^{+\infty}\int_{-\infty}^{+\infty} g(x,y)f(x,y)\mathrm{d}x\mathrm{d}y.$$

(3) 数学期望的性质

① $E(C)=C$(C为常数)，$E(X+C)=E(X)+C$.

② $E(CX)=CE(X)$.

③ $E(k_1X_1+k_2X_2+\cdots+k_nX_n)=k_1E(X_1)+k_2E(X_2)+\cdots+k_nE(X_n)$.

④ 若$X_1,X_2,\cdots,X_n$相互独立，则

$$E(X_1X_2\cdots X_n)=E(X_1)E(X_2)\cdots E(X_n),$$

$$E[f_1(X_1)f_2(X_2)\cdots f_n(X_n)]=E[f_1(X_1)]E[f_2(X_2)]\cdots E[f_n(X_n)].$$

注 数学期望是描述随机变量平均取值状况特征的指标.

2. 方差

(1) 方差的概念

设 X 是一个随机变量,若 $E\{[X-E(X)]^2\}$ 存在,则称其值为 X 的方差,记作 $D(X)$,即

$$D(X)=E\{[X-E(X)]^2\}.$$

$\sqrt{D(X)}$ 记作 $\sigma(X)$,称为随机变量 X 的标准差或均方差.方差可按以下公式计算:

$$D(X)=E(X^2)-[E(X)]^2.$$

(2) 方差的性质

① $D(C)=0$(C 为常数),$D(X+C)=D(X)$;

② $D(aX)=a^2D(X)$,$D(aX+b)=a^2D(X)$;

③ 若 $X_1,X_2,\cdots,X_n$ 相互独立,则

$$D(k_1X_1+k_2X_2+\cdots+k_nX_n)=k_1^2D(X_1)+k_2^2D(X_2)+\cdots+k_n^2D(X_n)$$

$$D(X_1X_2\cdots X_n)\neq D(X_1)D(X_2)\cdots D(X_n);$$

④ 设 X,Y 是两个随机变量,则有

$$D(X\pm Y)=D(X)+D(Y)\pm 2E\{[X-E(X)][Y-E(Y)]\}.$$

注 ① $Y=\dfrac{X-E(X)}{\sqrt{D(X)}}$ 为随机变量 X 的标准化随机变量,$E(Y)=0,D(Y)=1$.

② $D(X)=E(X^2)-[E(X)]^2$ 或 $E(X^2)=D(X)+[E(X)]^2$.

3. 常用分布的数学期望和方差

分布名称	概率分布或密度函数	数学期望	方差
两点分布	$P\{X=k\}=p^k(1-p)^{1-k},k=0,1,0<p<1$	p	$p(1-p)$
二项分布	$P\{X=k\}=C_n^kp^k(1-p)^{n-k}$, $k=0,1,2,\cdots,n,0<p<1$	np	$np(1-p)$
泊松分布	$P\{X=k\}=\dfrac{\lambda^k e^{-\lambda}}{k!},k=0,1,2,\cdots,\lambda>0$	λ	λ
均匀分布	$f(x)=\begin{cases}\dfrac{1}{b-a}, & a\leqslant x\leqslant b\\ 0, & \text{其他}\end{cases}$	$\dfrac{a+b}{2}$	$\dfrac{1}{12}(b-a)^2$
指数分布	$f(x)=\begin{cases}\lambda e^{-\lambda x}, & x\geqslant 0\\ 0, & x<0\end{cases}$	$\dfrac{1}{\lambda}$	$\dfrac{1}{\lambda^2}$
正态分布	$f(x)=\dfrac{1}{\sqrt{2\pi}\sigma}e^{-\frac{(x-\mu)^2}{2\sigma^2}}$, $-\infty<x<+\infty,\sigma>0,\mu,\sigma$ 为常数	μ	σ^2

4. 协方差及相关系数

(1) 协方差

$$\mathrm{Cov}(X,Y)=E\{[X-E(X)][Y-E(Y)]\};$$

计算公式：$\mathrm{Cov}(X,Y)=E(XY)-E(X)E(Y)$.

(2) 相关系数

$$\rho_{XY}=\frac{\mathrm{Cov}(X,Y)}{\sqrt{D(X)}\sqrt{D(Y)}}.$$

(3) 协方差的性质

① $\mathrm{Cov}(X,Y)=\mathrm{Cov}(Y,X)$；

② $\mathrm{Cov}(aX,bY)=ab\mathrm{Cov}(X,Y)$，$a,b$ 为常数；

③ $\mathrm{Cov}(X,Y+Z)=\mathrm{Cov}(X,Y)+\mathrm{Cov}(X,Z)$.

(4) 相关系数的性质

① $|\rho_{XY}|\leqslant 1$；

② $|\rho_{XY}|=1\Leftrightarrow$存在常数 a,b，使 $P\{Y=aX+b\}=1$，即 X 与 Y 具有线性关系的概率为 1.

注 ① 当 $\rho_{XY}=0$ 时，称 X 与 Y 不相关.

② X 与 Y 相互独立$\underset{\not\Leftarrow}{\Rightarrow}$$X$ 与 Y 一定不相关($\rho_{XY}=0$).

特别地，当(X,Y)服从二维正态分布时，“X 与 Y 不相关”与“X,Y 相互独立”等价.

(5) 重要结论

① $\mathrm{Cov}(X,Y)=E(XY)-E(X)E(Y)$或 $E(XY)=\mathrm{Cov}(X,Y)+E(X)E(Y)$；

② $D(aX+bY)=a^2D(X)+b^2D(Y)+2ab\mathrm{Cov}(X,Y)$，

特别地，$D(X+Y)=D(X)+D(Y)+2\mathrm{Cov}(X,Y)$；

③ $\mathrm{Cov}(X,Y)=\rho_{XY}\sqrt{D(X)}\sqrt{D(Y)}$；

④ $\rho_{XY}=0\Leftrightarrow\mathrm{Cov}(X,Y)=0\Leftrightarrow E(XY)=E(X)E(Y)\Leftrightarrow D(X\pm Y)=D(X)+D(Y)$.

5. 矩

$v_k=E(X^k)$称为 X 的 k 阶原点矩. 特殊地，$E(X)=v_1$.

$\mu_k=E[X-E(X)]^k$ 称为 X 的 k 阶中心矩. 特殊地，$D(X)=\mu_2$.

三、复习提问

1. 随机变量 X 的数学期望 $E(X)$ 的含义是什么?

答:如果随机变量 X 的概率分布为

X	x_1	x_2	x_3	$\cdots$
P	p_1	p_2	p_3	$\cdots$

那么 $E(X)=\sum_{k=1}^{+\infty} x_k p_k$.

如果随机变量 X 的概率密度为 $f(x)$,那么

$$E(X)=\int_{-\infty}^{+\infty} x f(x)\mathrm{d}x.$$

因此,数学期望的概念的建立启蒙于"均值",数学期望是"均值",但它不是一般意义上的"平均",而是随机变量所取的值的平均值,是以其概率为权数的加权平均.它表现了随机变量取值的集中位置.例如,$X\sim N(\mu,\sigma^2)$,$E(X)=\mu$.显然随机变量 X 的取值集中在 μ 附近.

2. 随机变量 X 的方差 $D(X)$ 的含义是什么?与数学期望有何关系?

答:从定义可知,方差 $D(X)=E[X-E(X)]^2$ 是 X 的取值与 $E(X)$ 的差距或离差的平方的均值.或者说,是随机变量函数 $g(X)=[X-E(X)]^2$ 的均值.它表示随机变量 X 的取值与期望 $E(X)$ 的偏离程度,或者表示 X 的取值对 $E(X)$ 的集中程度.

在应用上,随机变量的数学期望与方差互相配合与补充.在理论上,随机变量的数学期望与方差往往唇齿相依.我们知道方差的定义就是建立在数学期望的基础之上的.计算方差时一般运用公式 $D(X)=E(X^2)-[E(X)]^2$.

3. "随机变量 X,Y 相互独立"是"X,Y 的相关系数 $\rho_{XY}=0$"的充要条件吗?

答:充分但不必要条件.

若 X,Y 相互独立,则 $\rho_{XY}=0$.这个命题的逆否命题是:若 $\rho_{XY}\neq 0$,则 X,Y 不相互独立.该命题为真命题.

因此,在应用上,如果我们先判断出"X,Y 相互独立",就可以肯定 $\rho_{XY}=0$;如果先计算得 $\rho_{XY}\neq 0$,就可以肯定 X,Y 不相互独立.如果算得 $\rho_{XY}=0$,则 X,Y 不一定相互独立.

例如,二维连续型随机变量 (X,Y) 的概率密度为

$$f(x,y)=\begin{cases}\dfrac{1}{\pi}, & x^2+y^2\leqslant 1,\\ 0, & 其他,\end{cases}$$

其边缘概率密度为

$$f_X(x)=\begin{cases}\dfrac{2}{\pi}\sqrt{1-x^2}, & -1\leqslant x\leqslant 1,\\ 0, & 其他,\end{cases}$$

$$f_Y(y)=\begin{cases}\dfrac{2}{\pi}\sqrt{1-y^2}, & -1\leqslant y\leqslant 1,\\ 0, & 其他,\end{cases}$$

$$E(X)=\int_{-\infty}^{+\infty}xf_X(x)\mathrm{d}x=\int_{-1}^{1}\frac{2x\sqrt{1-x^2}}{\pi}\mathrm{d}x=0,$$

$$E(Y)=\int_{-1}^{1}\frac{2y\sqrt{1-y^2}}{\pi}\mathrm{d}y=0,$$

$$E(XY)=\int_{-\infty}^{+\infty}\int_{-\infty}^{+\infty}xyf(x,y)\mathrm{d}x\mathrm{d}y=\iint\limits_{x^2+y^2\leqslant 1}\frac{1}{\pi}xy\,\mathrm{d}x\mathrm{d}y=0.$$

所以

$$\mathrm{Cov}(X,Y)=E(XY)-E(X)E(Y)=0.$$

又 $D(X)\neq 0, D(Y)\neq 0$,所以

$$\rho_{XY}=\frac{\mathrm{Cov}(X,Y)}{\sqrt{D(X)}\sqrt{D(Y)}}=0.$$

但 $f_X(x,y)\neq f_X(x)f_Y(y)$,即 X,Y 不相互独立.

特殊地,若二维随机变量 $(X,Y)\sim N(\mu_1,\mu_2,\sigma_1^2,\sigma_2^2,\rho)$,则有 $\rho_{XY}=0\Leftrightarrow X,Y$ 相互独立.

4. 对于二维随机变量 X 和 Y,与命题"X 和 Y 不相关"不等价的是__C__.

A. $E(XY)=E(X)E(Y)$　　B. $D(X+Y)=D(X-Y)$

C. $D(XY)=D(X)D(Y)$　　D. $D(X+Y)=D(X)+D(Y)$

5. 若 (X,Y) 为二维随机向量,$D(X)>0, D(Y)>0$,则其协方差 $\mathrm{Cov}(X,Y)$ 与相关系数 ρ_{XY} 之间的关系是什么?

答:$\rho_{XY}=\dfrac{\mathrm{Cov}(X,Y)}{\sqrt{D(X)}\sqrt{D(Y)}}$ 或 $\mathrm{Cov}(X,Y)=\rho_{XY}\sqrt{D(X)}\sqrt{D(Y)}$.

6. (1) ρ_{XY} 为随机变量 X 与 Y 的相关系数,则 $|\rho_{XY}|=1$ 的充要条件是:存在常数 a,b,使 $P\{Y=a+bX\}=$__1__.

(2) 相关系数 ρ_{XY} 反映了 X 与 Y 的__线性__相关程度.

7. X 与 Y 不相关有哪些等价命题?

答:X 与 Y 不相关 $\Leftrightarrow \rho_{XY}=0$

$$\Leftrightarrow \mathrm{Cov}(X,Y)=0$$
$$\Leftrightarrow E(XY)=E(X)E(Y)$$
$$\Leftrightarrow D(X\pm Y)=D(X)+D(Y).$$

四、例题分析

题型 I　关于离散型随机变量的数学期望和方差.

例 1　某人用 n 把钥匙去开门,其中只有一把能打开,今逐个任取一把试开,求打开此门所需的开门次数 X 的数学期望及方差.

假设:(1) 打不开的钥匙不放回;(2) 打不开的钥匙放回.

解　(1) 在打不开的钥匙不放回的情况下,所需开门次数 X 的可能值为 1,2,…,n. 注意到 $X=k$ 意味着从第一次到第 $k-1$ 次均未能打开,第 k 次才打开,故

$$P\{X=k\}=\frac{n-1}{n}\cdot\frac{n-2}{n-1}\cdot\cdots\cdot\frac{n-k}{n-k+1}\cdot\frac{1}{n-k}=\frac{1}{n},k=1,2,\cdots,n.$$

于是,随机变量 X 的分布律为

X	1	2	3	…	n
P	$\frac{1}{n}$	$\frac{1}{n}$	$\frac{1}{n}$	…	$\frac{1}{n}$

$$E(X)=\sum_{k=1}^{n}k\cdot\frac{1}{n}=\frac{1}{n}(1+2+\cdots+n)=\frac{n+1}{2},$$

$$\begin{aligned}E(X^2)&=\sum_{k=1}^{n}k^2\cdot\frac{1}{n}=\frac{1}{n}(1^2+2^2+\cdots+n^2)\\&=\frac{1}{n}\cdot\frac{1}{6}n\cdot(n+1)(2n+1)\\&=\frac{(n+1)(2n+1)}{6},\end{aligned}$$

$$\begin{aligned}D(X)&=E(X^2)-[E(X)]^2=\frac{(n+1)(2n+1)}{6}-\left(\frac{n+1}{2}\right)^2\\&=\frac{1}{12}(n+1)(n-1).\end{aligned}$$

(2) 由于打不开的钥匙仍放回,所以 X 的可能取值为 1,2,…,n,…,其分布

律为

$$P\{X=k\}=\frac{1}{n}\left(\frac{n-1}{n}\right)^{k-1},k=1,2,\cdots.$$

令 $p=\frac{1}{n},q=\frac{n-1}{n}$,则

$$E(X)=\sum_{k=1}^{+\infty}kpq^{n-1}=p\sum_{k=1}^{+\infty}kq^{n-1}=p\sum_{k=1}^{+\infty}(q^k)'=p(\sum_{k=1}^{+\infty}q^k)'$$

$$=p\left(\frac{q}{1-q}\right)'=\frac{1}{p}=n,$$

$$D(X)=E(X^2)-[E(X)]^2=\sum_{k=1}^{+\infty}k^2pq^{k-1}-\frac{1}{p^2}=\frac{2-p}{p^2}-\frac{1}{p^2}$$

$$=\frac{1-p}{p^2}=n^2\left(1-\frac{1}{n}\right)=n(n-1).$$

例 2 一台设备由三大部件构成,在设备运转过程中各部件需要调整的概率分别为 0.10,0.20 和 0.30.假设各部件的状态相互独立,以 X 表示"同时需要调整的部件数",试求 X 的数学期望 $E(X)$ 和方差 $D(X)$.

解 *方法 1* 引进事件,设 $A_i=\{$第 i 个部件需要调整$\}(i=1,2,3)$,其概率分别为

$$P(A_1)=0.10,P(A_2)=0.20,P(A_3)=0.30.$$

易知 X 的可能取值为 0,1,2,3.由于 A_1,A_2,A_3 相互独立,所以

$$P\{X=0\}=P(\overline{A_1}\,\overline{A_2}\,\overline{A_3})=P(\overline{A_1})P(\overline{A_2})P(\overline{A_3})$$
$$=0.9\times0.8\times0.7=0.504,$$

$$P\{X=1\}=P(A_1\overline{A_2}\,\overline{A_3}\cup\overline{A_1}\,A_2\,\overline{A_3}\cup\overline{A_1}\,\overline{A_2}A_3)$$
$$=P(A_1)P(\overline{A_2})P(\overline{A_3})+P(\overline{A_1})P(A_2)P(\overline{A_3})+P(\overline{A_1})P(\overline{A_2})P(A_3)$$
$$=0.1\times0.8\times0.7+0.9\times0.2\times0.7+0.9\times0.8\times0.3$$
$$=0.398,$$

$$P\{X=2\}=P(A_1A_2\,\overline{A_3}\cup A_1\,\overline{A_2}\,A_3\cup\overline{A_1}A_2A_3)$$
$$=P(A_1)P(A_2)P(\overline{A_3})+P(A_1)P(\overline{A_2})P(A_3)+P(\overline{A_1})P(A_2)P(A_3)$$
$$=0.1\times0.2\times0.7\times+0.1\times0.8\times0.3+0.9\times0.2\times0.3$$
$$=0.092,$$

$$P\{X=3\}=P(A_1A_2A_3)=P(A_1)P(A_2)P(A_3)$$
$$=0.1\times0.2\times0.3=0.006.$$

于是随机变量 X 的概率分布为

X	0	1	2	3
P	0.504	0.398	0.092	0.006

故

$$E(X)=1\times0.398+2\times0.092+3\times0.006=0.6,$$
$$E(X^2)=1\times0.398+4\times0.092+9\times0.006=0.82,$$
$$D(X)=E(X^2)-[E(X)]^2=0.82-0.36=0.46.$$

方法2 考虑随机变量

$$X_i=\begin{cases}1, & 若 A_i 出现,\\ 0, & 若 A_i 不出现\end{cases}\quad(i=1,2,3).$$

易知 $E(X_i)=P(A_i)$, $D(X_i)=P(A_i)[1-P(A_i)]$, $X=X_1+X_2+X_3$.

因此,由 X_1,X_2,X_3 的独立性,可知

$$E(X)=0.1+0.2+0.3=0.6,$$
$$D(X)=0.1\times0.9+0.2\times0.8+0.3\times0.7=0.46.$$

例3 设随机变量 X 的概率分布为

$$P\{X=n\}=\frac{1}{2^n},\quad n=1,2,3,\cdots,$$

求 $Y=\sin\left(\frac{\pi}{2}X\right)$的数学期望及方差.

解 因为 X 的取值为正整数,所以$\frac{\pi}{2}X$ 的取值为$\frac{\pi}{2}$的正整数倍,从而 $Y=\sin\left(\frac{\pi}{2}X\right)$的取值为$-1,0,1$,所以 Y 的概率分布为

Y	-1	0	1
P	$\frac{2}{15}$	$\frac{1}{3}$	$\frac{8}{15}$

故

$$E(Y)=(-1)\times\frac{2}{15}+0\times\frac{1}{3}+1\times\frac{8}{15}=\frac{2}{5},$$
$$E(Y^2)=(-1)^2\times\frac{2}{15}+0^2\times\frac{1}{3}+1^2\times\frac{8}{15}=\frac{2}{3},$$
$$D(Y)=E(Y^2)-[E(Y)]^2=\frac{2}{3}-\left(\frac{2}{5}\right)^2=\frac{38}{75}.$$

题型Ⅱ 关于连续型随机变量的数学期望和方差.

例 4 已知随机变量 X 的概率密度为

$$f(x)=\frac{3}{2}\mathrm{e}^{-3|x|},-\infty<x<+\infty,$$

求 $E(X)$ 及 $D(X)$.

解 因为

$$E(X)=\int_{-\infty}^{+\infty}xf(x)\mathrm{d}x=\frac{3}{2}\int_{-\infty}^{+\infty}x\mathrm{e}^{-3|x|}\mathrm{d}x=0,$$

$$\begin{aligned}E(X^2)&=\int_{-\infty}^{+\infty}x^2f(x)\mathrm{d}x=\frac{3}{2}\int_{-\infty}^{+\infty}x^2\mathrm{e}^{-3|x|}\mathrm{d}x\\&=\int_0^{+\infty}3x^2\mathrm{e}^{-3x}\mathrm{d}x=E(T^2)(\text{其中 } T \text{ 服从参数为 3 的指数分布})\\&=D(T)+[E(T)]^2=\frac{1}{9}+\left(\frac{1}{3}\right)^2=\frac{2}{9},\end{aligned}$$

所以

$$D(X)=E(X^2)-[E(X)]^2=\frac{2}{9}-0=\frac{2}{9}.$$

例 5 设随机变量 X 在区间[0,5]上服从均匀分布，求随机变量

$$Y=g(X)=\begin{cases}X, & X<2,\\6-2X, & 2\leqslant X<3,\\\frac{3}{2}-\frac{X}{2}, & X\geqslant 3\end{cases}$$

的数学期望及方差.

解 由均匀分布的定义得 X 的概率密度为

$$f_X(x)=\begin{cases}\frac{1}{5}, & 0\leqslant x\leqslant 5,\\0, & \text{其他},\end{cases}$$

所以

$$\begin{aligned}E(Y)&=E[g(X)]=\int_{-\infty}^{+\infty}g(x)f_X(x)\mathrm{d}x\\&=\int_0^5\frac{1}{5}g(x)\mathrm{d}x=\int_0^2\frac{1}{5}x\mathrm{d}x+\int_2^3\frac{1}{5}(6-2x)\mathrm{d}x+\int_3^5\frac{1}{5}\left(\frac{3}{2}-\frac{x}{2}\right)\mathrm{d}x\\&=\frac{2}{5},\end{aligned}$$

$$E(Y^2)=E[g^2(X)]=\int_{-\infty}^{+\infty}g^2(x)f_X(x)\mathrm{d}x$$

$$=\int_0^5 \frac{1}{5}g^2(x)\mathrm{d}x$$

$$=\int_0^2 \frac{1}{5}x^2\mathrm{d}x+\int_2^3 \frac{1}{5}(6-2x)^2\mathrm{d}x+\int_3^5 \frac{1}{5}\left(\frac{3}{2}-\frac{x}{2}\right)^2\mathrm{d}x$$

$$=\frac{14}{15},$$

$$D(Y)=E(Y^2)-[E(Y)]^2=\frac{14}{15}-\left(\frac{2}{5}\right)^2=\frac{58}{75}.$$

例 6 设随机变量 X 的概率密度为

$$f(x)=\frac{1}{\pi(1+x^2)},x\in(-\infty,+\infty),$$

求 $E[\min(|X|,1)]$.

解 $E[\min(|X|,1)]=\int_{-\infty}^{+\infty}\min(|x|,1)f(x)\mathrm{d}x$

$$=\int_{|x|<1}|x|f(x)\mathrm{d}x+\int_{|x|\geqslant 1}f(x)\mathrm{d}x$$

$$=2\int_0^1 \frac{x}{\pi(1+x^2)}\mathrm{d}x+2\int_1^{+\infty}\frac{1}{\pi(1+x^2)}\mathrm{d}x$$

$$=\frac{1}{\pi}\ln(1+x^2)\Big|_0^1+\frac{2}{\pi}\arctan x\Big|_1^{+\infty}$$

$$=\frac{1}{\pi}\ln 2+\frac{1}{2}.$$

例 7 设随机变量 X_1,X_2,X_3 相互独立,其中 X_1 在$[0,1]$上服从均匀分布,X_2 服从正态分布 $N(0,2^2)$,X_3 服从参数$\lambda=3$ 的泊松分布,求 $E[(X_1-2X_2+3X_2)^2]$.

解 因为 $X_1\sim U[0,1]$,所以

$$E(X_1)=\frac{0+1}{2}=\frac{1}{2},D(X_1)=\frac{(1-0)^2}{12}=\frac{1}{12}.$$

又 $X_2\sim N(0,2^2)$,$X_3=\pi(3)$,所以

$$E(X_2)=0,D(X_2)=4,E(X_3)=3,D(X_3)=3.$$

根据期望的性质得

$$E(X_1-2X_2+3X_3)=E(X_1)-2E(X_2)+3E(X_3)$$

$$=\frac{1}{2}-2\times 0+3\times 3=\frac{19}{2}.$$

因为 X_1,X_2,X_3 相互独立,故 $X_1,2X_2,3X_3$ 也相互独立,由方差的性质有

$$D(X_1-2X_2+3X_3)=D(X_1)+4D(X_2)+9D(X_3)$$

$$=\frac{1}{12}+4\times4+9\times3=\frac{517}{12}.$$

利用计算方差的简化公式得

$$E[(X_1-2X_2+3X_3)^2]=D(X_1-2X_2+3X_3)+[E(X_1-2X_2+3X_3)]^2$$
$$=\frac{517}{12}+\left(\frac{19}{2}\right)^2=\frac{400}{3}.$$

例 8 一商店经销某种商品，每周进货的数量 X 与顾客对该种商品的需求量 Y 是相互独立的随机变量，且都服从区间[10,20]上的均匀分布. 商店每售出一单位商品可得利润 1000 元. 若需求量超过了进货量，商店可从其他商店调剂供应，这时每单位商品所获利润为 500 元. 试计算该商店经销该种商品每周所得利润的期望值.

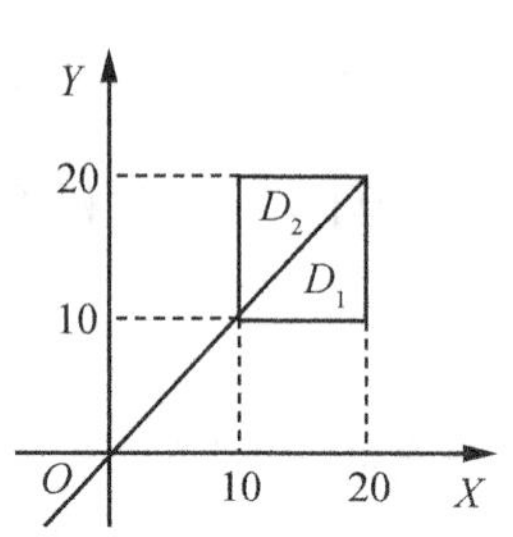

解 设 Z 表示"商店每周所得的利润"，则

$$Z=\begin{cases}1000Y, & Y\leqslant X,\\ 1000X+500(Y-X)=500(X+Y), & Y>X.\end{cases}$$

由于 X 与 Y 的联合概率密度为

$$\varphi(x,y)=\begin{cases}\frac{1}{100}, & 10\leqslant x\leqslant 20,10\leqslant y\leqslant 20,\\ 0, & \text{其他},\end{cases}$$

所以

$$\begin{aligned}E(Z)&=\iint_{D_1}1000y\times\frac{1}{100}\mathrm{d}x\mathrm{d}y+\iint_{D_2}500(x+y)\times\frac{1}{100}\mathrm{d}x\mathrm{d}y\\&=10\int_{10}^{20}\mathrm{d}y\int_{y}^{20}y\,\mathrm{d}x+5\int_{10}^{20}\mathrm{d}y\int_{10}^{y}(x+y)\mathrm{d}x\\&=10\int_{10}^{20}y(20-y)\mathrm{d}y+5\int_{10}^{20}\left(\frac{3}{2}y^2-10y-50\right)\mathrm{d}y\\&=\frac{20000}{3}+5\times1500\\&\approx 14166.67(\text{元}).\end{aligned}$$

例 9 有两台同样的自动记录仪，每台无故障工作的时间服从参数为 5 的指数分布，首先开动其中一台，当其发生故障时停用，则另一台自动开动. 试求两台记录仪无故障工作的总时间 T 的概率密度 $f(t)$、数学期望和方差.

解 以 X_1 和 X_2 分别表示"先后开动的记录仪无故障工作的时间"，则 $T=X_1+X_2$. 由条件知 $X_i(i=1,2)$ 的概率密度为

$$p_i(x)=\begin{cases}5\mathrm{e}^{-5x}, & x>0,\\ 0, & x\leqslant 0.\end{cases}$$

显然两台仪器无故障工作的时间 X_1 和 X_2 相互独立. 利用两个独立随机变量和的密度公式求 T 的概率密度.

对于 $t>0$,有

$$\begin{aligned}f(t)&=\int_{-\infty}^{+\infty}p_1(x)p_2(t-x)\mathrm{d}x\\&=25\int_0^t\mathrm{e}^{-5x}\mathrm{e}^{-5(t-x)}\mathrm{d}x\\&=25\mathrm{e}^{-5t}\int_0^t\mathrm{d}x=25t\mathrm{e}^{-5t};\end{aligned}$$

当 $t\leqslant 0$ 时,显然 $f(t)=0$. 于是,得

$$f(t)=\begin{cases}25t\mathrm{e}^{-5t}, & t>0,\\ 0, & t\leqslant 0.\end{cases}$$

由于 X_i 服从参数为 5 的指数分布,故

$$E(X_i)=\frac{1}{5},D(X_i)=\frac{1}{25}(i=1,2).$$

因此,有

$$E(T)=E(X_1+X_2)=E(X_1)+E(X_2)=\frac{2}{5}.$$

由于 X_1 和 X_2 相互独立,所以

$$D(T)=D(X_1+X_2)=D(X_1)+D(X_2)=\frac{2}{25}.$$

例 10　设随机变量 $X\sim N(\mu,\sigma^2)$,求 $E(|X-\mu|)$ 及 $D(|X-\mu|)$.

解　因为 X 的概率密度为

$$f_X(x)=\frac{1}{\sqrt{2\pi}\sigma}\mathrm{e}^{-\frac{(x-\mu)^2}{2\sigma^2}},-\infty<x<+\infty,$$

所以

$$\begin{aligned}E(|X-\mu|)&=\int_{-\infty}^{+\infty}|x-\mu|\cdot\frac{1}{\sqrt{2\pi}\sigma}\mathrm{e}^{-\frac{(x-\mu)^2}{2\sigma^2}}\mathrm{d}x\\&\xlongequal{\text{令}\frac{x-\mu}{\sigma}=t}\int_{-\infty}^{+\infty}\sigma|t|\cdot\frac{1}{\sqrt{2\pi}}\mathrm{e}^{-\frac{t^2}{2}}\mathrm{d}t\\&=\frac{1}{\sqrt{2\pi}}\int_0^{+\infty}\sigma t\mathrm{e}^{-\frac{t^2}{2}}\mathrm{d}t-\frac{1}{\sqrt{2\pi}}\int_{-\infty}^0\sigma t\mathrm{e}^{-\frac{t^2}{2}}\mathrm{d}t\end{aligned}$$

$$=-\frac{\sigma}{\sqrt{2\pi}}\int_0^{+\infty}e^{-\frac{t^2}{2}}d\left(-\frac{t^2}{2}\right)+\frac{\sigma}{\sqrt{2\pi}}\int_{-\infty}^{0}e^{-\frac{t^2}{2}}d\left(-\frac{t^2}{2}\right)$$

$$=-\frac{\sigma}{\sqrt{2\pi}}e^{-\frac{t^2}{2}}\Big|_0^{+\infty}+\frac{\sigma}{\sqrt{2\pi}}e^{-\frac{t^2}{2}}\Big|_{-\infty}^{0}$$

$$=\frac{\sigma}{\sqrt{2\pi}}+\frac{\sigma}{\sqrt{2\pi}}=\sqrt{\frac{2}{\pi}}\,\sigma,$$

$$E(|X-\mu|^2)=E(X-\mu)^2=\sigma^2E\left(\frac{X-\mu}{\sigma}\right)^2. \qquad ①$$

记 $T=\frac{X-\mu}{\sigma}$,则 $T\sim N(0,1)$.

所以由 ① 得

$$\begin{aligned}E(|X-\mu|^2)&=\sigma^2E(T^2)\\&=\sigma^2\{D(T)+[E(T)]^2\}\\&=\sigma^2(1+0^2)\\&=\sigma^2,\end{aligned}$$

由此得

$$\begin{aligned}D(|X-\mu|)&=E(|X-\mu|^2)-[E(|X-\mu|)]^2\\&=\sigma^2-\left(\sqrt{\frac{2}{\pi}}\,\sigma\right)^2\\&=\left(1-\frac{2}{\pi}\right)\sigma^2.\end{aligned}$$

题型Ⅲ 求二维随机变量及其函数的数字特征.

例 11 已知 X,Y 的联合分布律为

Y \ X	-1	0	1
-1	$\frac{1}{8}$	$\frac{1}{8}$	$\frac{3}{8}$
0	$\frac{1}{8}$	0	$\frac{1}{8}$
1	$\frac{1}{8}$	$\frac{1}{8}$	$\frac{1}{8}$

试求:(1) $E(X),E(Y),D(X),D(Y)$; (2) $\mathrm{Cov}(X,Y),\rho_{XY}$.

解 由题设可求出 X 与 Y 的边缘分布律分别为

X	-1	0	1
P	$\frac{3}{8}$	$\frac{2}{8}$	$\frac{3}{8}$

Y	-1	0	1
P	$\frac{3}{8}$	$\frac{2}{8}$	$\frac{3}{8}$

于是

(1) $E(X)=(-1)\times\frac{3}{8}+0\times\frac{2}{8}+1\times\frac{3}{8}=0,$

$$E(X^2)=(-1)^2\times\frac{3}{8}+0\times\frac{2}{8}+1^2\times\frac{3}{8}=\frac{6}{8}=\frac{3}{4},$$

$$D(X)=E(X^2)-[E(X)]^2=\frac{3}{4};$$

同理可得 $E(Y)=0,D(Y)=\frac{3}{4}$.

(2) $$E(XY)=\sum_i\sum_j ijp_{ij}$$

$$=(-1)\times(-1)\times\frac{1}{8}+(-1)\times0\times\frac{1}{8}+(-1)\times1\times\frac{1}{8}$$

$$+0\times(-1)\times\frac{1}{8}+0\times0\times0+0\times1\times\frac{1}{8}$$

$$+1\times(-1)\times\frac{1}{8}+1\times0\times\frac{1}{8}+1\times1\times\frac{1}{8}=0,$$

$$\mathrm{Cov}(X,Y)=E(XY)-E(X)E(Y)=0,$$

于是 $\rho_{XY}=0$.

例 12　设随机变量 X 和 Y 的联合分布律为

X \ 概率 \ Y	-1	0	1
0	0.07	0.18	0.15
1	0.08	0.32	0.20

求 X^2 和 Y^2 的协方差 $\mathrm{Cov}(X^2,Y^2)$.

解　(X^2,Y^2)的联合分布律为

X^2 \ 概率 \ Y^2	0	1
0	0.18	0.22
1	0.32	0.28

X^2 与 Y^2 的边缘概率分布分别为

X^2	0	1
P	0.4	0.6

Y^2	0	1
P	0.5	0.5

X^2Y^2 的分布律为

X^2Y^2	0	1
P	0.72	0.28

故

$$E(X^2)=0.6, E(Y^2)=0.5, E(X^2Y^2)=0.28,$$

$$\mathrm{Cov}(X^2,Y^2)=E(X^2Y^2)-E(X^2)E(Y^2)=0.28-0.6\times0.5=-0.02.$$

例 13 设二维随机变量(X,Y)的联合概率密度为

$$f(x,y)=\begin{cases}Cxy, & 0\leqslant x\leqslant 1, 0\leqslant y\leqslant x,\\ 0, & \text{其他}.\end{cases}$$

试求：(1) 常数 C；

(2) $E(X),E(Y),D(X),D(Y)$；

(3) $\mathrm{Cov}(X,Y),\rho_{XY}$.

解 (1) 由概率密度的性质可知

$$1=\int_{-\infty}^{+\infty}\int_{-\infty}^{+\infty}f(x,y)\mathrm{d}x\mathrm{d}y=C\int_0^1 x\mathrm{d}x\int_0^x y\mathrm{d}y=C\int_0^1\frac{1}{2}x^3\mathrm{d}x=\frac{1}{8}C,$$

于是 $C=8$.

(2) $$E(X)=\int_0^1\mathrm{d}x\int_0^x x\cdot 8xy\mathrm{d}y=8\int_0^1 x^2\mathrm{d}x\int_0^x y\mathrm{d}y=4\int_0^1 x^4\mathrm{d}x=\frac{4}{5},$$

$$E(X^2)=\int_0^1\mathrm{d}x\int_0^x x^2\cdot 8xy\mathrm{d}y=8\int_0^1 x^3\mathrm{d}x\int_0^x y\mathrm{d}y=4\int_0^1 x^5\mathrm{d}x=\frac{2}{3},$$

$$D(X)=E(X^2)-[E(X)]^2=\frac{2}{3}-\left(\frac{4}{5}\right)^2=\frac{2}{75},$$

$$E(Y)=\int_0^1\mathrm{d}x\int_0^x y\cdot 8xy\mathrm{d}y=8\int_0^1 x\mathrm{d}x\int_0^x y^2\mathrm{d}y=\frac{8}{3}\int_0^1 x^4\mathrm{d}x=\frac{8}{15},$$

$$E(Y^2)=\int_0^1\mathrm{d}x\int_0^x y^2\cdot 8xy\mathrm{d}y=8\int_0^1 x\mathrm{d}x\int_0^x y^3\mathrm{d}y=2\int_0^1 x^5\mathrm{d}x=\frac{1}{3},$$

$$D(Y)=E(Y^2)-[E(Y)]^2=\frac{1}{3}-\left(\frac{8}{15}\right)^2=\frac{11}{225}.$$

(3) $$E(XY)=\int_0^1\int_0^x xy\cdot 8xy\mathrm{d}x\mathrm{d}y=8\int_0^1 x^2\mathrm{d}x\int_0^x y^2\mathrm{d}y=\frac{8}{3}\int_0^1 x^5\mathrm{d}x=\frac{4}{9},$$

$$\mathrm{Cov}(X,Y)=E(XY)-E(X)E(Y)=\frac{4}{9}-\frac{4}{5}\times\frac{8}{15}=\frac{4}{225},$$

$$\rho_{XY}=\frac{\mathrm{Cov}(X,Y)}{\sqrt{D(X)}\sqrt{D(Y)}}=\frac{\frac{4}{225}}{\sqrt{\frac{2}{75}}\cdot\sqrt{\frac{11}{225}}}=\frac{2\sqrt{66}}{33}.$$

例 14　设二维随机变量 (X,Y) 在区域 $D=\{(x,y)\mid 0\leqslant x\leqslant 1,0\leqslant y\leqslant 1\}$ 上服从均匀分布，令 $U=(Y-X)^2$，求 $E(U)$，$D(U)$.

解　(X,Y) 的联合密度函数为

$$f(x,y)=\begin{cases}1, & x\in D,\\ 0, & \text{其他},\end{cases}$$

故

$$\begin{aligned}E(U)&=\int_{-\infty}^{+\infty}\int_{-\infty}^{+\infty}(y-x)^2 f(x,y)\mathrm{d}x\mathrm{d}y\\&=\int_0^1\int_0^1(y-x)^2\mathrm{d}x\mathrm{d}y=\frac{1}{6},\\E(U^2)&=\int_{-\infty}^{+\infty}\int_{-\infty}^{+\infty}(y-x)^4 f(x,y)\mathrm{d}x\mathrm{d}y\\&=\int_0^1\int_0^1(y-x)^4\mathrm{d}x\mathrm{d}y=\frac{1}{15},\end{aligned}$$

$$D(U)=E(U^2)-[E(U)]^2=\frac{1}{15}-\left(\frac{1}{6}\right)^2=\frac{7}{180}.$$

例 15　已知随机变量 Y 服从参数为 $\lambda=1$ 的泊松分布，设随机变量

$$X_k=\begin{cases}0, & Y\leqslant k,\\ 1, & Y>k,\end{cases}\quad k=0,1.$$

(1) 求 X_0 和 X_1 的联合分布；

(2) 计算 $E(X_0-X_1)$；

(3) 问 X_0 和 X_1 是否相关?

解　(1) (X_0,X_1) 有四个可能值：$(0,0),(0,1),(1,0),(1,1)$.

易知

$$\begin{aligned}P\{X_0=0,X_1=0\}&=P\{Y\leqslant 0,Y\leqslant 1\}\\&=P\{Y\leqslant 0\}=P\{Y=0\}=\frac{\mathrm{e}^{-1}}{0!}=\mathrm{e}^{-1},\end{aligned}$$

$$P\{X_0=0,X_1=1\}=P\{Y\leqslant 0,Y>1\}=0,$$

$$P\{X_0=1,X_1=0\}=P\{Y>0,Y\leqslant 1\}=P\{Y=1\}=\mathrm{e}^{-1},$$

$$\begin{aligned}P\{X_0=1,X_1=1\}&=P\{Y>0,Y>1\}\\&=P\{Y>1\}\\&=1-P\{Y=0\}-P\{Y=1\}=1-2e^{-1},\end{aligned}$$

所以 X_0 和 X_1 的联合分布律为

X_0 \ X_1	0	1
0	e^{-1}	0
1	e^{-1}	$1-2e^{-1}$

(2) 由(1)可知 X_0 和 X_1 的边缘分布律分别为

X_0	0	1
P	e^{-1}	$1-e^{-1}$

X_1	0	1
P	$2e^{-1}$	$1-2e^{-1}$

所以

$$E(X_0-X_1)=E(X_0)-E(X_1)=1-e^{-1}-(1-2e^{-1})=e^{-1}.$$

(3) 因为

$$\begin{aligned}\mathrm{Cov}(X_0,X_1)&=E(X_0X_1)-E(X_0)E(X_1)\\&=1-2e^{-1}-(1-e^{-1})(1-2e^{-1})=e^{-1}-2e^{-2},\end{aligned}$$

所以 X_0 和 X_1 不相关.

例 16 设 A,B 为两个随机事件,$P(A)=\frac{1}{4},P(B|A)=\frac{1}{3},P(A|B)=\frac{1}{2}$. 令

$$X=\begin{cases}1, & A\text{ 发生},\\0, & \overline{A}\text{发生},\end{cases}\quad Y=\begin{cases}1, & B\text{ 发生},\\0, & \overline{B}\text{发生}.\end{cases}$$

求:(1) X 与 Y 的联合概率分布;

(2) X 与 Y 的相关系数 ρ_{XY}.

解 (1) 根据乘法公式可得

$$P(AB)=P(A)P(B|A)=\frac{1}{4}\times\frac{1}{3}=\frac{1}{12},$$

$$P(B)=\frac{P(AB)}{P(A|B)}=\frac{\frac{1}{12}}{\frac{1}{2}}=\frac{1}{6}.$$

将以上数据填入联合概率分布表及边缘概率分布表中:

X \ Y	0	1	$p_{i\cdot}$
0	a	b	$\frac{3}{4}$
1	c	$\frac{1}{12}$	$\frac{1}{4}$
$p_{\cdot j}$	$\frac{5}{6}$	$\frac{1}{6}$	

由此可知 $b=\frac{1}{12}$,$c=\frac{1}{6}$,$a=\frac{2}{3}$,即联合概率分布为

X \ Y	0	1
0	$\frac{2}{3}$	$\frac{1}{12}$
1	$\frac{1}{6}$	$\frac{1}{12}$

(2) 因为

$$E(X)=\frac{1}{4},E(Y)=\frac{1}{6},D(X)=\frac{3}{16},D(Y)=\frac{5}{36},E(XY)=1\times1\times\frac{1}{12}=\frac{1}{12},$$

所以

$$\rho_{XY}=\frac{E(XY)-E(X)E(Y)}{\sqrt{D(X)}\sqrt{D(Y)}}=\frac{\frac{1}{12}-\frac{1}{24}}{\frac{\sqrt{3}}{4}\times\frac{\sqrt{5}}{6}}=\frac{1}{\sqrt{15}}.$$

例 17　已知二维随机向量(X,Y)服从二维正态分布,且 $X\sim N(1,3^2)$,$Y\sim N(0,4^2)$,X 与 Y 的相关系数 $\rho_{XY}=-\frac{1}{2}$,设 $Z=\frac{X}{3}+\frac{Y}{2}$.

(1) 求 Z 的数学期望 $E(Z)$ 和方差 $D(Z)$;

(2) 求 X 与 Z 的相关系数 ρ_{XZ};

(3) 问 X 与 Z 是否相互独立,为什么?

解　(1) 由题意知

$$E(X)=1,E(Y)=0,D(X)=3^2,D(Y)=4^2,$$

于是

$$E(Z)=E\left(\frac{X}{3}+\frac{Y}{2}\right)=\frac{1}{3}E(X)+\frac{1}{2}E(Y)=\frac{1}{3},$$

$$D(Z)=D\left(\frac{X}{3}+\frac{Y}{2}\right)=D\left(\frac{1}{3}X\right)+D\left(\frac{1}{2}Y\right)+2\mathrm{Cov}\left(\frac{X}{3},\frac{Y}{2}\right)$$
$$=\frac{1}{9}D(X)+\frac{1}{4}D(Y)+2\times\frac{1}{3}\times\frac{1}{2}\mathrm{Cov}(X,Y)$$
$$=\frac{1}{9}\times 9+\frac{1}{4}\times 16+\frac{1}{3}\rho_{XY}\sqrt{D(X)}\sqrt{D(Y)}$$
$$=1+4+\frac{1}{3}\times\left(-\frac{1}{2}\right)\times 3\times 4=3.$$

(2) 因为

$$\mathrm{Cov}(X,Z)=\mathrm{Cov}\left(X,\frac{X}{3}+\frac{Y}{2}\right)$$
$$=\mathrm{Cov}\left(X,\frac{1}{3}X\right)+\mathrm{Cov}\left(X,\frac{1}{2}Y\right)$$
$$=\frac{1}{3}\mathrm{Cov}(X,X)+\frac{1}{2}\mathrm{Cov}(X,Y)$$
$$=\frac{1}{3}D(X)+\frac{1}{2}\rho_{XY}\sqrt{D(X)}\sqrt{D(Y)}$$
$$=\frac{1}{3}\times 3^2+\frac{1}{2}\times\left(-\frac{1}{2}\right)\times 3\times 4$$
$$=0,$$

故

$$\rho_{XZ}=\frac{\mathrm{Cov}(X,Z)}{\sqrt{D(X)}\sqrt{D(Z)}}=0.$$

(3) 因为 X 与 Y 均服从正态分布，而 Z 是 X 与 Y 的线性函数，故 Z 也服从正态分布，又 $\rho_{XZ}=0$，所以 X 与 Z 相互独立.

例 18 设二维随机变量(X,Y)的概率密度为

$$f(x,y)=\begin{cases}2xy, & 0\leqslant x\leqslant 2,\frac{1}{2}x\leqslant y\leqslant 1,\\ 0, & \text{其他}.\end{cases}$$

求随机变量 $U=3X+Y$ 与 $V=-2Y$ 的相关系数.

解 由关于 X,Y 的边缘概率密度公式

$$f_X(x)=\int_{-\infty}^{+\infty}f(x,y)\mathrm{d}y,f_Y(y)=\int_{-\infty}^{+\infty}f(x,y)\mathrm{d}x$$

得

$$f_X(x)=\begin{cases}x-\frac{1}{4}x^3, & 0\leqslant x\leqslant 2,\\0, & \text{其他},\end{cases}$$

$$f_Y(y)=\begin{cases}4y^3, & 0\leqslant y\leqslant 1,\\0, & \text{其他},\end{cases}$$

所以

$$E(X)=\int_0^2 x\left(x-\frac{1}{4}x^3\right)\mathrm{d}x=\frac{16}{15},$$

$$E(X^2)=\int_0^2 x^2\left(x-\frac{1}{4}x^3\right)\mathrm{d}x=\frac{4}{3},$$

$$D(X)=E(X^2)-[E(X)]^2=\frac{4}{3}-\left(\frac{16}{15}\right)^2=\frac{44}{225},$$

$$E(Y)=\int_0^1 y\cdot 4y^3\mathrm{d}y=\frac{4}{5},E(Y^2)=\int_0^1 y^2\cdot 4y^3\mathrm{d}y=\frac{2}{3},$$

$$D(Y)=E(Y^2)-[E(Y)]^2=\frac{2}{3}-\left(\frac{4}{5}\right)^2=\frac{2}{75}.$$

由此得

$$E(U)=E(3X+Y)=3E(X)+E(Y)=3\times\frac{16}{15}+\frac{4}{5}=4,$$

$$E(V)=E(-2Y)=-2E(Y)=-2\times\frac{4}{5}=-\frac{8}{5}.$$

并且,由

$$E(XY)=\int_{-\infty}^{+\infty}\int_{-\infty}^{+\infty}xyf(x,y)\mathrm{d}x\mathrm{d}y=\int_0^2\left(\int_{\frac{1}{2}x}^1 xy\cdot 2xy\mathrm{d}y\right)\mathrm{d}x=\frac{8}{9}$$

得

$$\mathrm{Cov}(X,Y)=E(XY)-E(X)E(Y)=\frac{8}{9}-\frac{16}{15}\times\frac{4}{5}=\frac{8}{225}.$$

所以

$$\begin{aligned}D(U)&=D(3X+Y)=D(3X)+D(Y)+2\mathrm{Cov}(3X,Y)\\&=9D(X)+D(Y)+6\mathrm{Cov}(X,Y)\\&=9\times\frac{44}{225}+\frac{2}{75}+6\times\frac{8}{225}=2,\end{aligned}$$

$$D(V)=D(-2Y)=4D(Y)=4\times\frac{2}{75}=\frac{8}{75},$$

$$E(UV)=E[(3X+Y)(-2Y)]=E(-6XY-2Y^2)$$

$$=-6E(XY)-2E(Y^2)=-6\times\frac{8}{9}-2\times\frac{2}{3}=-\frac{20}{3},$$

$$\begin{aligned}\mathrm{Cov}(U,V)&=E(UV)-E(U)E(V)\\&=-\frac{20}{3}-4\times\left(-\frac{8}{5}\right)=-\frac{4}{15}.\end{aligned}$$

因此

$$\rho_{UV}=\frac{\mathrm{Cov}(U,V)}{\sqrt{D(U)}\sqrt{D(V)}}=-\frac{4}{15}\times\frac{1}{\sqrt{2}\times\sqrt{\frac{8}{75}}}=-\frac{\sqrt{75}}{15}=-\frac{\sqrt{3}}{3}.$$

例 19 设二维随机变量 (X,Y) 的概率密度为

$$f(x,y)=\begin{cases}\frac{3}{2}x, & 0\leqslant x\leqslant 1,-x\leqslant y\leqslant x,\\ 0, & \text{其他}.\end{cases}$$

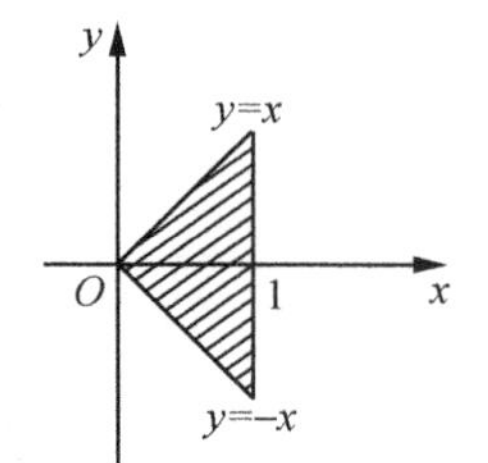

求 $\mathrm{Cov}(X,Y)$ 和 ρ_{XY}，并判定 X,Y 是否相互独立.

解 $$f_X(x)=\int_{-\infty}^{+\infty}f(x,y)\mathrm{d}y=\begin{cases}\int_{-x}^{x}\frac{3}{2}x\mathrm{d}y, & 0\leqslant x\leqslant 1,\\ 0, & \text{其他}\end{cases}$$

$$=\begin{cases}3x^2, & 0\leqslant x\leqslant 1,\\ 0, & \text{其他},\end{cases}$$

$$f_Y(y)=\int_{-\infty}^{+\infty}f(x,y)\mathrm{d}x=\begin{cases}\int_{-y}^{1}\frac{3}{2}x\mathrm{d}x, & -1\leqslant y<0,\\ \int_{y}^{1}\frac{3}{2}x\mathrm{d}x, & 0\leqslant y\leqslant 1,\\ 0, & \text{其他}\end{cases}$$

$$=\begin{cases}\frac{3}{4}(1-y^2), & -1\leqslant y<0,\\ \frac{3}{4}(1-y^2), & 0\leqslant y\leqslant 1,\\ 0, & \text{其他}\end{cases}$$

$$=\begin{cases}\frac{3}{4}(1-y^2), & -1\leqslant y\leqslant 1,\\ 0, & \text{其他},\end{cases}$$

所以

$$E(X)=\int_{-\infty}^{+\infty}xf_X(x)\mathrm{d}x=\int_0^1 3x^3\mathrm{d}x=\frac{3}{4},$$

$$E(Y)=\int_{-\infty}^{+\infty}yf_Y(y)\mathrm{d}y=\int_{-1}^{1}\frac{3}{4}y(1-y^2)\mathrm{d}y=0,$$

$$E(X^2)=\int_{-\infty}^{+\infty}x^2f_X(x)\mathrm{d}x=\int_{0}^{1}3x^4\mathrm{d}x=\frac{3}{5},$$

$$E(Y^2)=\int_{-\infty}^{+\infty}y^2f_Y(y)\mathrm{d}y=\int_{-1}^{1}\frac{3}{4}y^2(1-y^2)\mathrm{d}y=\frac{1}{5},$$

因此

$$D(X)=E(X^2)-[E(X)]^2=\frac{3}{5}-\left(\frac{3}{4}\right)^2=\frac{3}{80}\neq 0,$$

$$D(Y)=E(Y^2)-[E(Y)]^2=\frac{1}{5}-0=\frac{1}{5}\neq 0,$$

$$E(XY)=\int_{0}^{1}\left(\int_{-x}^{x}\frac{3}{2}x^2y\mathrm{d}y\right)\mathrm{d}y=0.$$

所以

$$\mathrm{Cov}(X,Y)=E(XY)-E(X)E(Y)=0-\frac{3}{4}\times 0=0,$$

$$\rho_{XY}=\frac{\mathrm{Cov}(X,Y)}{\sqrt{D(X)}\sqrt{D(Y)}}=0.$$

因为 $f(x,y)\neq f_X(x)f_y(y)$，所以 X,Y 不相互独立.

注　X,Y 不相互独立是由 $f(x,y)\neq f_X(x)f_Y(y)$ 得到的结论，而由 $\mathrm{Cov}(X,Y)=0$ 或 $\rho_{XY}=0$ 是得不到 X,Y 相互独立的结论的.

例 20　已知随机变量 X,Y 以及 XY 的分布律如下：

X	0	1	2
P	$\frac{1}{2}$	$\frac{1}{3}$	$\frac{1}{6}$

Y	0	1	2
P	$\frac{1}{3}$	$\frac{1}{3}$	$\frac{1}{3}$

XY	0	1	2	4
P	$\frac{7}{12}$	$\frac{1}{3}$	0	$\frac{1}{12}$

求：(1) $P\{X=2Y\}$；　(2) $\mathrm{Cov}(X-Y,Y)$ 与 ρ_{XY}.

解　X,Y 的联合分布律为

X \ Y	0	1	2	$p_{i\cdot}$
0	$\frac{1}{4}$	0	$\frac{1}{4}$	$\frac{1}{2}$
1	0	$\frac{1}{3}$	0	$\frac{1}{3}$
2	$\frac{1}{12}$	0	$\frac{1}{12}$	$\frac{1}{6}$
$p_{\cdot j}$	$\frac{1}{3}$	$\frac{1}{3}$	$\frac{1}{3}$	1

(1) $P\{X=2Y\}=P\{X=0,Y=0\}+P\{X=2,Y=1\}=\frac{1}{4}+0=\frac{1}{4}$.

(2) $E(X)=0\times\frac{1}{2}+1\times\frac{1}{3}+2\times\frac{1}{6}=\frac{2}{3}$,

$E(X^2)=0\times\frac{1}{2}+1^2\times\frac{1}{3}+2^2\times\frac{1}{6}=1$,

$E(Y)=0\times\frac{1}{3}+1\times\frac{1}{3}+2\times\frac{1}{3}=1$,

$E(Y^2)=0^2\times\frac{1}{3}+1^2\times\frac{1}{3}+2^2\times\frac{1}{3}=\frac{5}{3}$,

$D(X)=E(X^2)-[E(X)]^2=1-\frac{4}{9}=\frac{5}{9}$,

$D(Y)=E(Y^2)-[E(Y)]^2=\frac{5}{3}-1=\frac{2}{3}$,

$E(XY)=\frac{2}{3}$,

所以

$$\mathrm{Cov}(X,Y)=E(XY)-E(X)E(Y)=0,$$

$$\mathrm{Cov}(Y,Y)=D(Y)=\frac{2}{3},$$

$$\mathrm{Cov}(X-Y,Y)=\mathrm{Cov}(X,Y)-\mathrm{Cov}(Y,Y)=0-\frac{2}{3}=-\frac{2}{3},$$

$$\rho_{XY}=\frac{\mathrm{Cov}(X,Y)}{\sqrt{D(X)}\sqrt{D(Y)}}=0.$$

例 21 设随机变量 X 与 Y 的概率分布律分别为

X	0	1
P	$\frac{1}{3}$	$\frac{2}{3}$

Y	-1	0	1
P	$\frac{1}{3}$	$\frac{1}{3}$	$\frac{1}{3}$

且 $P\{X^2=Y^2\}=1$. 求：

(1) (X,Y)的分布律； (2) $Z=XY$ 的分布律； (3) ρ_{XY}.

解 (1) (X,Y)的分布律为

Y \ X	0	1	$p_{\cdot j}$
-1	0	$\frac{1}{3}$	$\frac{1}{3}$
0	$\frac{1}{3}$	0	$\frac{1}{3}$
1	0	$\frac{1}{3}$	$\frac{1}{3}$
$p_{i\cdot}$	$\frac{1}{3}$	$\frac{2}{3}$	1

(2) 因为 $Z=XY$,所以 Z 的取值为$-1,0,1$.

$$P\{XY=-1\}=P\{X=1,Y=-1\}=\frac{1}{3},$$

$$\begin{aligned}P\{XY=0\}=&P\{X=0,Y=0\}+P\{X=0,Y=-1\}+P\{X=0,Y=1\}+\\&P\{X=1,Y=0\}\\=&\frac{1}{3},\end{aligned}$$

$$P\{XY=1\}=P\{X=1,Y=1\}=\frac{1}{3},$$

故 $Z=XY$ 的分布律为

Z	-1	0	1
P	$\frac{1}{3}$	$\frac{1}{3}$	$\frac{1}{3}$

(3) 由题意易得

$$E(X)=\frac{2}{3},E(Y)=0,E(XY)=0,D(X)=\frac{2}{9},D(Y)=\frac{2}{3},$$

所以

$$\rho_{XY}=\frac{E(XY)-E(X)E(Y)}{\sqrt{D(X)}\sqrt{D(Y)}}=0.$$

例 22　设随机变量 X 与 Y 的概率分布相同,X 的概率分布为 $P\{X=0\}=\frac{1}{3}$, $P\{X=1\}=\frac{2}{3}$,且 X 与 Y 的相关系数 $\rho_{XY}=\frac{1}{2}$.

(1) 求(X,Y)的概率分布；

(2) 求 $P\{X+Y\leqslant 1\}$.

解 (1) 因为 $\rho_{XY}=\frac{1}{2}$,所以

$$\frac{\mathrm{Cov}(X,Y)}{\sqrt{D(X)}\sqrt{D(Y)}}=\frac{1}{2},$$

即

$$\frac{E(XY)-E(X)E(Y)}{\sqrt{D(X)}\sqrt{D(Y)}}=\frac{1}{2}.$$

又由已知条件可知

$$E(X)=E(Y)=\frac{2}{3},D(X)=D(Y)=\frac{2}{9},$$

所以 $E(XY)=\frac{5}{9}$,故 XY 的概率分布为

XY	0	1
P	$\frac{4}{9}$	$\frac{5}{9}$

则

$$P\{XY=0\}=\frac{4}{9},P\{XY=1\}=\frac{5}{9},$$

所以

$$P\{X=1,Y=1\}=\frac{5}{9},$$

$$P\{X=0,Y=0\}+P\{X=0,Y=1\}+P\{X=1,Y=0\}=\frac{4}{9}.$$

根据联合分布与边缘分布的关系得(X,Y)的分布律为

X \ Y	0	1	$p_{i\cdot}$
0	$\frac{2}{9}$	$\frac{1}{9}$	$\frac{1}{3}$
1	$\frac{1}{9}$	$\frac{5}{9}$	$\frac{2}{3}$
$p_{\cdot j}$	$\frac{1}{3}$	$\frac{2}{3}$	1

(2) $P\{X+Y\leqslant 1\}=P\{X=0,Y=0\}+P\{X=0,Y=1\}+P\{X=1,Y=0\}=\frac{4}{9}$.

例 23　设随机变量 X 和 Y 相互独立，且均服从参数为 1 的指数分布，令 $V=\min\{X,Y\}$，$U=\max\{X,Y\}$. 求：

(1) 随机变量 V 的概率密度；　(2) $E(U+V)$.

解　由题意知 X 的概率密度为

$$f(x)=\begin{cases} e^{-x}, & x>0, \\ 0, & 其他, \end{cases}$$

X 的分布函数为

$$F(x)=\begin{cases} 1-e^{-x}, & x>0, \\ 0, & 其他. \end{cases}$$

X 和 Y 独立同分布.

由 $V=\min\{X,Y\}$ 及 X,Y 相互独立，知

$$\begin{aligned} F_V(v)&=P\{V\leqslant v\}=P\{\min\{X,Y\}\leqslant v\} \\ &=1-P\{X>v,Y>v\}=1-P\{X>v\}P\{Y>v\} \\ &=1-[1-F(v)]^2=\begin{cases} 1-e^{2v}, & v>0, \\ 0, & 其他. \end{cases} \end{aligned}$$

故

$$f_V(v)=F'_V(v)=\begin{cases} 2e^{-2v}, & v>0, \\ 0, & 其他. \end{cases}$$

(2) 同理，U 的概率密度为

$$f_U(u)=\begin{cases} 2(1-e^{-u})e^{-u}, & u>0, \\ 0, & 其他, \end{cases}$$

$$E(U)=\int_0^{+\infty} u\cdot 2(1-e^{-u})e^{-u}\mathrm{d}u=\frac{3}{2},$$

$$E(V)=\int_0^{+\infty} v\cdot 2e^{-2v}\mathrm{d}v=\frac{1}{2},$$

所以

$$E(U+V)=E(U)+E(V)=\frac{3}{2}+\frac{1}{2}=2.$$

例 24　设 $E(X)=2$，$E(Y)=4$，$D(X)=4$，$D(Y)=9$，$\rho_{XY}=0.5$，求：

(1) $U=X^2-XY+Y^2-3$ 的数学期望；

(2) $V=X-Y+5$ 的方差.

解　(1) 由

$$E(X^2)=D(X)+[E(X)]^2,$$

$$\rho_{XY}=\frac{\operatorname{Cov}(X,Y)}{\sqrt{D(X)}\sqrt{D(Y)}}=\frac{E(XY)-E(X)E(Y)}{\sqrt{D(X)}\sqrt{D(Y)}},$$

得

$$E(XY)=E(X)E(Y)+\rho_{XY}\sqrt{D(X)}\sqrt{D(Y)},$$

所以

$$\begin{aligned}E(U)&=E(X^2)-E(XY)+E(Y^2)-3\\&=\{D(X)+[E(X)]^2\}-[E(X)E(Y)+\rho_{XY}\sqrt{D(X)}\sqrt{D(Y)}]+\{D(Y)+\\&\quad[E(Y)]^2\}-3\\&=19.\end{aligned}$$

(2) $D(V)=D(X-Y+5)=D(X)+D(Y)-2\operatorname{Cov}(X,Y)$

$$=13-2\rho_{XY}\sqrt{D(X)}\sqrt{D(Y)}=7.$$

题型Ⅳ 随机变量数字特征的求解技巧——(0-1)分布分解法.

例 25 设有 n 个球及 n 个能装球的盒子，它们各编有序号 $1,2,\cdots,n$. 今随机地把 n 个球分别装入 n 个盒子中，每盒装一个球，求两个序号恰好一致的对数的数学期望.

解 设随机变量

$$X_i=\begin{cases}1, & \text{第 } i \text{ 个球装入第 } i \text{ 个盒子中},\\0, & \text{第 } i \text{ 个球未装入第 } i \text{ 个盒子中},\end{cases}\quad i=1,2,\cdots,n.$$

设 X 表示“两个序号一致的对数”，则

$$X=X_1+X_2+\cdots+X_n,$$

所以

$$E(X)=\sum_{i=1}^{n}E(X_i).$$

因为

$$P\{X_i=1\}=\frac{1}{n},P\{X_i=0\}=1-\frac{1}{n},$$

所以

$$E(X_i)=1\times\frac{1}{n}+0\times\left(1-\frac{1}{n}\right)=\frac{1}{n}(i=1,2,\cdots,n),$$

因此

$$E(X)=\sum_{i=1}^{n}E(X_i)=\sum_{i=1}^{n}\frac{1}{n}=n\times\frac{1}{n}=1.$$

即两个序号一致的对数的数学期望为1.

例26　r个人在一楼进入电梯,楼上有n层(即除一楼外,还有n层).设每个乘客在第2层至第$n+1$层的任一层出电梯的概率都相同.试求直到电梯内的乘客走空为止,因乘客出电梯需停留次数的数学期望.

解　设X为"电梯在一次由下至上的行程中停留的次数",$X_i(i=1,2,\cdots,n)$表示"电梯在第$i+1$层停的次数",则

$$X_i=\begin{cases}1, & \text{若电梯在第} i+1 \text{层停},\\ 0, & \text{否则}\end{cases}\quad (i=1,2,\cdots,n).$$

注意到每个人在任何一层走出电梯的概率均为$\frac{1}{n}$,如果r个人同时不在第$i+1$层出电梯,那么电梯在该层就不停,所以

$$P\{X_i=0\}=\left(1-\frac{1}{n}\right)^r, P\{X_i=1\}=1-\left(1-\frac{1}{n}\right)^r,$$

则电梯需停的次数$X=X_1+X_2+\cdots+X_n$.

所以

$$E(X)=E(X_1)+E(X_2)+\cdots+E(X_n)=n\left[1-\left(1-\frac{1}{n}\right)^r\right].$$

例27　某城市一天内发生严重刑事案件的数量Y服从参数为$\frac{1}{3}$的泊松分布,以X记"一年(365天)内未发生严重刑事案件的天数",求X的数学期望.

解　引入随机变量

$$X_i=\begin{cases}1, & \text{若在第} i \text{天未发生严重刑事案件},\\ 0, & \text{其他},\end{cases}\quad i=1,2,\cdots,365,$$

则

$$X=X_1+X_2+\cdots+X_{365}.$$

由于

$$P\{X_i=1\}=P\{Y=0\}=\frac{\left(\frac{1}{3}\right)^0 e^{-\frac{1}{3}}}{0!}=e^{-\frac{1}{3}},$$

所以X_i的分布律为

X_i	0	1
P	$1-e^{-\frac{1}{3}}$	$e^{-\frac{1}{3}}$

于是 $E(X_i)=e^{-\frac{1}{3}}$，即得 X 的数学期望为

$$E(X)=\sum_{i=1}^{365}E(X_i)=\sum_{i=1}^{365}e^{-\frac{1}{3}}=365\times e^{-\frac{1}{3}}\approx 262(\text{天}).$$

例 28 设盒子中有 $2N$ 张卡片，其中两张标着 1、两张标着 2、…、两张标着 N. 现从中任取 m 张，求在盒中余下的卡片中仍然成对(即两张标着相同号码)的对数的数学期望.

解 设在盒中余下的卡片中仍然成对的对数为 Y，引入随机变量 X_i：

$$X_i=\begin{cases}1, & \text{第 } i \text{ 对仍留在盒中},\\ 0, & \text{第 } i \text{ 对至少有一张未留在盒中},\end{cases}\quad i=1,2,\cdots,N,$$

则

$$Y=X_1+X_2+\cdots+X_N.$$

$E(X_i)=P\{X_i=1\}=P\{\text{第 } i \text{ 对仍留在盒中}\}$

$$=\frac{\binom{2N-2}{m}}{\binom{2N}{m}}=\frac{\frac{(2N-2)!}{m!\ (2N-2-m)!}}{\frac{(2N)!}{m!\ (2N-m)!}}=\frac{(2N-m)(2N-m-1)}{(2N)(2N-1)}.$$

故所求数学期望为

$$E(Y)=\sum_{i=1}^{N}E(X_i)=\frac{(2N-m)(2N-m-1)}{2(2N-1)}.$$

五、自测练习

A 组

1. 设随机变量 X 服从参数为 3 的泊松分布，则 $E(2X-6)=$______________，$D(2X-6)=$______________.

2. 设随机变量 X 服从参数为 λ 的泊松分布，且已知 $E[(X-1)(X-2)]=1$，则 $\lambda=$__________.

3. 设随机变量 X 服从参数为 1 的指数分布，则数学期望 $E(X+e^{-2X})=$________.

4. 设随机变量 X 服从正态分布 $N(\mu,\sigma^2)(\sigma>0)$，且二次方程 $y^2+4y+X=0$ 无实根的概率为 $\frac{1}{2}$，则 $\mu=$____________.

5. 设随机变量 X 服从二项分布 $b(n,p)$，且 $E(X)=2.4$，$D(X)=1.44$，则 n,p

的值分别为　(　　)

A. $n=4,p=0.6$　　B. $n=6,p=0.4$

C. $n=8,p=0.3$　　D. $n=24,p=0.1$

6. 设 X 是一个随机变量，$E(X)=\mu$，$D(X)=\sigma^2$（μ,σ 都是常数，且 $\sigma>0$），则对任意常数 C 必有　(　　)

A. $E(X-C)^2=E(X^2)-C$　　B. $E(X-C)^2=E(X-\mu)^2$

C. $E(X-C)^2<E(X-\mu)^2$　　D. $E(X-C)^2\geqslant E(X-\mu)^2$

7. 对于任意的随机变量 X 和 Y，如果 $D(X+Y)=D(X-Y)$，那么　(　　)

A. X 和 Y 相互独立　　B. $D(XY)=D(X)D(Y)$

C. X 和 Y 相关　　D. $E(XY)=E(X)E(Y)$

8. 对于任意两个独立同分布的随机变量 X 和 Y，随机变量 $U=X+Y$ 和 $V=X-Y$ 一定　(　　)

A. 独立　　B. 不独立　　C. 相关　　D. 不相关

9. 设随机变量 X 和 Y 相互独立，则　(　　)

A. $D(XY)=D(X)D(Y)$　　B. $E\left(\frac{X}{Y}\right)=\frac{E(X)}{E(Y)}$

C. $E\left(\frac{X}{Y}\right)=E(X)E\left(\frac{1}{Y}\right)$　　D. $D(XY)<D(X)D(Y)$

10. 设随机变量 X 和 Y 相互独立，其概率密度分别为

$$f_X(x)=\begin{cases}\mathrm{e}^{-x}, & x\geqslant 0,\\ 0, & x<0,\end{cases}\quad f_Y(y)=\begin{cases}2y, & 0\leqslant y<1,\\ 0, & \text{其他},\end{cases}$$

记 $Z=XY$，则下列结论成立的是　(　　)

A. $E(Z)=\frac{2}{3},D(Z)=\frac{1}{18}$　　B. $E(Z)=1,D(Z)=\frac{5}{9}$

C. $E(Z)=\frac{2}{3},D(Z)=\frac{5}{9}$　　D. $E(Z)=1,D(Z)=\frac{1}{18}$

11. 设随机变量 X 和 Y 在圆 $x^2+y^2\leqslant 1$ 上均匀分布，则　(　　)

A. X 在区间 $[-1,1]$ 上均匀分布　　B. X 和 Y 互不相关

C. Y 在区间 $[-1,1]$ 上均匀分布　　D. X 和 Y 相互独立

12. 对某目标进行射击，直到击中为止，如果每次命中的概率为 p，求射击次数 X 的数学期望和方差.

13. 设随机变量 X 只取 $-1,0,1$ 各值，取各值相应概率的比为 $2:1:2$，求 $E(X)$，$D(X)$.

14. 设随机变量 Y 的分布函数为

$$F(y)=\begin{cases}0, & y\leqslant 0,\\ \sqrt{y}, & 0<y<1,\\ 1, & y\geqslant 1,\end{cases}$$

求 $E(Y),D(Y)$.

15. 设随机变量 X 服从参数为 $p=0.6$ 的(0-1)分布,求 $Y_1=X^2,Y_2=X^2-2X$ 的数学期望 $E(Y_1),E(Y_2)$.

16. 设随机变量 X 和 Y 的相关系数为 0.5,$E(X)=E(Y)=0,E(X^2)=E(Y^2)$,求 $E(X+Y)^2$.

17. 设随机变量 X 服从参数为 2 的指数分布,且 $Y=X+\mathrm{e}^{-2X}$,求 $E(Y)$ 与 $D(Y)$.

18. 设随机变量 X 的概率密度为

$$f(x)=\begin{cases}\dfrac{1}{\pi}, & -\dfrac{\pi}{2}<x<\dfrac{\pi}{2},\\ 0, & \text{其他},\end{cases}$$

求 $Y=|\sin X|$ 的数学期望与方差.

19. 已知 $D(X)=25,D(Y)=36,\rho_{XY}=0.4$,求 $D(X+Y),D(X-Y)$.

20. 设二维随机变量 (X,Y) 的概率密度为

$$f(x,y)=\begin{cases}A\sin(x+y), & 0\leqslant x\leqslant\dfrac{\pi}{2},0\leqslant y\leqslant\dfrac{\pi}{2},\\ 0, & \text{其他},\end{cases}$$

求:(1) 系数 A; (2) $E(X),E(Y),D(X),D(Y)$; (3) ρ_{XY}.

21. 设二维随机变量 (X,Y) 的概率分布为

X \ Y	-1	0	1
-1	a	0	0.2
0	0.1	b	0.2
1	0	0.1	c

其中 a,b,c 为常数,且 X 的数学期望 $E(X)=-0.2,P\{Y\leqslant 0|X\leqslant 0\}=0.5$,记 $Z=X+Y$.

求:(1) a,b,c 的值; (2) Z 的概率分布; (3) $P\{X=Z\}$.

22. 设二维随机变量 (X,Y) 的概率分布为

X \ Y	-1	0	1
-5	0	$\frac{1}{9}$	$\frac{1}{3}$
-1	$\frac{1}{9}$	0	$\frac{2}{9}$
1	$\frac{1}{9}$	$\frac{1}{9}$	0

(1) 求 $E(XY)$；　(2) 求 $D(X),D(Y)$；

(3) 求 X,Y 的相关系数 ρ_{XY}；　(4) X,Y 相互独立吗？

B组

1. 将一枚硬币连续掷 n 次，以 X 和 Y 分别表示“正面向上和反面向上的次数”，则 X 和 Y 的相关系数为__________.

2. 设随机变量 X 和 Y 独立同分布，期望为 μ，方差为 σ^2，$Z=\alpha X+\sqrt{1-\alpha^2}Y$，则 $\rho_{XZ}=$__________.

3. 设随机变量 $X\sim N(\mu,\sigma^2)$，Y 服从期望值为$\frac{1}{\lambda}(\lambda>0)$的指数分布，则下列计算不正确的是　（　　）

A. $E(X+Y)=\mu+\lambda^{-1}$　　B. $D(X+Y)=\sigma^2+\frac{1}{\lambda^2}$

C. $E(X^2+Y^2)=\sigma^2+\mu^2+2\lambda^{-2}$　　D. $E(X^2)=\mu^2+\sigma^2,E(Y^2)=2\lambda^{-2}$

4. 设随机变量 $X\sim N(0,1)$，$Y\sim N(1,4)$，且相关系数 $\rho_{XY}=1$，则　（　　）

A. $P\{Y=-2X-1\}=1$　　B. $P\{Y=2X-1\}=1$

C. $P\{Y=-2X+1\}=1$　　D. $P\{Y=2X+1\}=1$

5. 设随机变量 X 与 Y 相互独立，且 $E(X)$与 $E(Y)$都存在，记 $U=\max\{X,Y\}$，$V=\min\{X,Y\}$，则 $E(UV)=$　（　　）

A. $E(U)E(V)$　B. $E(X)E(Y)$　C. $E(U)E(Y)$　D. $E(X)E(V)$

6. 设随机变量 X_1,X_2,X_3 相互独立，其中 X_1 在$[0,6]$上服从均匀分布，X_2 服从参数 $\lambda=\frac{1}{2}$的指数分布，X_3 服从参数 $\lambda=3$ 的泊松分布，记 $Y=X_1-2X_2+3X_3$，求 $D(Y)$.

7. 一民航大巴载有 50 位乘客从机场开出，旅客有 10 个车站可以下车，若到达某车站没有人下车，则不停车，以 X 表示“停车的次数”，求 $E(X)$和 $D(X)$.（设

每位旅客在各个车站下车是等可能的，并且各旅客是否下车相互独立)

8. 设随机变量 X 的概率密度为

$$f(x)=\begin{cases}\frac{1}{2}\cos\frac{x}{2}, & 0\leqslant x\leqslant\pi,\\ 0, & \text{其他},\end{cases}$$

对 X 独立地重复观察 4 次，用 Y 表示"观察值大于$\frac{\pi}{3}$的次数"，求 Y^2 的数学期望.

9. 一整数 X 随机地在 1,2,3,4 四个值中取一个值，另一整数 Y 随机地在 1～X 中取一个值，求：

(1) (X,Y)的概率分布及关于 X,Y 的边缘分布；

(2) $\mathrm{Cov}(X,Y)$；

(3) X 与 Y 的相关系数 ρ_{XY}.

10. 设二维随机变量(X,Y)的概率密度为

$$f(x,y)=\begin{cases}\frac{1}{4}(1-x^3y-xy^3), & |x|<1,|y|<1,\\ 0, & \text{其他},\end{cases}$$

求 $\mathrm{Cov}(X,Y)$，并判定 X,Y 是否相互独立.

11. 设随机变量 X,Y 分别在区间$[0,1]$,$[0,2]$上服从均匀分布，且 X,Y 相互独立，求 $M=\max\{X,Y\}$和 $N=\min\{X,Y\}$的数学期望与方差.

12. 设二维随机变量(X,Y)的概率密度为

$$f(x,y)=\begin{cases}\frac{x+y}{8}, & 0\leqslant x\leqslant 2,0\leqslant y\leqslant 2,\\ 0, & \text{其他},\end{cases}$$

求随机变量 $U=X+2Y$ 与 $V=-X$ 的相关系数.

13. 设随机向量(X,Y)在正方形区域 $D=\{(x,y)\mid 0\leqslant x\leqslant 1,0\leqslant y\leqslant 1\}$上服从二维均匀分布，令 $Z=X+Y$，求 Z 的概率密度、期望和方差.

14. 设二维随机变量(X,Y)的概率密度为

$$f(x,y)=\begin{cases}15x^2y, & 0<x<y<1,\\ 0, & \text{其他},\end{cases}$$

求：(1) $E(XY)$； (2) $D(X)$,$D(Y)$； (3) X,Y 的相关系数 ρ_{XY}.

15. 某箱装有 100 件产品，其中一、二和三等品分别为 80 件、10 件和 10 件，现在从中随机抽取 1 件，记

$$X_i=\begin{cases}1, & \text{抽到 } i \text{ 等品}, \\ 0, & \text{其他}\end{cases}(i=1,2,3),$$

试求：(1) 随机变量 X_1 与 X_2 的联合分布；

(2) 随机变量 X_1 与 X_2 的相关系数 ρ.

16. 设随机变量 X 的概率密度为

$$f_X(x)=\begin{cases}\frac{1}{2}, & -1<x<0, \\ \frac{1}{4}, & 0\leqslant x<2, \\ 0, & \text{其他}.\end{cases}$$

令 $Y=X^2$，$F(x,y)$为二维随机变量(X,Y)的分布函数.

求：(1) Y 的概率密度 $f_Y(y)$；　(2) $\mathrm{Cov}(X,Y)$；　(3) $F\left(-\frac{1}{2},4\right)$.

第5章 大数定律及中心极限定理

一、目的要求

1. 了解契比雪夫不等式.

2. 了解独立同分布随机变量的大数定理成立的条件及结论.

3. 了解独立同分布的中心极限定理和棣莫弗-拉普拉斯定理(二项分布以正态分布为极限分布)的应用条件和结论,并会用相关定理近似计算有关随机事件的概率.

二、内容提要

1. 契比雪夫不等式

设随机变量 X 的数学期望 $E(X)=\mu$,方差 $D(X)=\sigma^2$,则对于任意正数 ε,有

$$P\{|X-\mu|\geqslant\varepsilon\}\leqslant\frac{\sigma^2}{\varepsilon^2}\text{ 或 }P\{|X-\mu|<\varepsilon\}\geqslant1-\frac{\sigma^2}{\varepsilon^2}.$$

2. 大数定律

(1) 契比雪夫大数定理的特殊情况

设随机变量 $X_1,X_2,\cdots,X_n,\cdots$ 相互独立,且具有相同的数学期望和方差: $E(X_k)=\mu,D(X_k)=\sigma^2(k=1,2,\cdots)$,令 $Y_n=\frac{1}{n}\sum\limits_{k=1}^{n}X_k$,则对于任意正数 ε,有

$$\lim_{n\to\infty}P\{|Y_n-\mu|<\varepsilon\}=\lim_{n\to\infty}P\left\{\left|\frac{1}{n}\sum_{k=1}^{n}X_k-\mu\right|<\varepsilon\right\}=1.$$

(2) 伯努利大数定理

设 n_A 是 n 次独立重复试验中事件 A 发生的次数，p 是事件 A 在每次试验中发生的概率，则对于任意正数 ε，有

$$\lim_{n\to\infty}P\left\{\left|\frac{n_A}{n}-p\right|<\varepsilon\right\}=1 \text{ 或} \lim_{n\to\infty}P\left\{\left|\frac{n_A}{n}-p\right|\geqslant\varepsilon\right\}=0.$$

注　伯努利大数定理是频率稳定性的数学定理，直观上看，当 $n\to\infty$ 时，有 $P\{f_n(A)\approx p\}\approx 1$.

(3) 辛钦定理

设随机变量 $X_1,X_2,\cdots,X_n,\cdots$ 相互独立，服从同一分布，且数学期望 $E(X_k)=\mu(k=1,2,\cdots)$，则对于任意正数 ε，有

$$\lim_{n\to\infty}P\left\{\left|\frac{1}{n}\sum_{k=1}^{n}X_k-\mu\right|<\varepsilon\right\}=1.$$

3. 中心极限定理

(1) 独立同分布的中心极限定理

设随机变量 $X_1,X_2,\cdots,X_n,\cdots$ 相互独立，服从同一分布，且具有数学期望和方差：$E(X_k)=\mu,D(X_k)=\sigma^2>0(k=1,2,\cdots)$，则随机变量之和 $\sum\limits_{k=1}^{\infty}X_k$ 的标准化变量

$$Y_n=\frac{\sum\limits_{k=1}^{n}X_k-E(\sum\limits_{k=1}^{n}X_k)}{\sqrt{D(\sum\limits_{k=1}^{n}X_k)}}=\frac{\sum\limits_{k=1}^{n}X_k-n\mu}{\sqrt{n}\sigma}$$

的分布函数 $F_n(x)$，对于任意 x 满足

$$\lim_{n\to\infty}F_n(x)=\lim_{n\to\infty}P\left\{\frac{\sum\limits_{k=1}^{n}X_k-n\mu}{\sqrt{n}\sigma}\leqslant x\right\}=\int_{-\infty}^{x}\frac{1}{\sqrt{2\pi}}\mathrm{e}^{-\frac{t^2}{2}}\mathrm{d}t=\Phi(x).$$

注　对于独立同分布的随机变量 $X_1,X_2,\cdots,X_n,E(X_k)=\mu,D(X_k)=\sigma^2\neq 0$ $(k=1,2,\cdots,n)$，当 n 充分大时，对于 $a<b$ 有近似公式：

$$P\left\{a\leqslant\sum_{k=1}^{n}X_k\leqslant b\right\}\approx\Phi\left(\frac{b-n\mu}{\sqrt{n}\sigma}\right)-\Phi\left(\frac{a-n\mu}{\sqrt{n}\sigma}\right).$$

(2) 棣莫弗-拉普拉斯定理

设随机变量 $\eta_n(n=1,2,\cdots)$ 服从参数为 $n,p(0<p<1)$ 的二项分布，则对于任意 x，有

$$\lim_{n\to\infty}P\left\{\frac{\eta_n-np}{\sqrt{np(1-p)}}\leqslant x\right\}=\int_{-\infty}^{x}\frac{1}{\sqrt{2\pi}}e^{-\frac{t^2}{2}}dt=\Phi(x).$$

注 对于随机变量 $X\sim b(n,p)$，当 n 充分大时，对于 $a<b$ 有近似公式：

① $P\{a\leqslant X\leqslant b\}\approx\Phi\left(\frac{b-np}{\sqrt{np(1-p)}}\right)-\Phi\left(\frac{a-np}{\sqrt{np(1-p)}}\right)$；

② $P\{|X|<\varepsilon\}\approx2\Phi\left(\frac{\varepsilon-np}{\sqrt{np(1-p)}}\right)-1$.

三、复习提问

1. 契比雪夫不等式有什么现实意义？

答：契比雪夫不等式 $P\{|X-\mu|<\varepsilon\}\geqslant1-\frac{\sigma^2}{\varepsilon^2}$ 表明：对于固定的正数 ε 来说，若 X 的方差小，则事件 $\{|X-\mu|<\varepsilon\}$ 发生的概率就大，也就是说，X 的取值基本上集中在期望 μ 的附近. 因此，该不等式具有普通的应用性. 例如，在大数定律的证明中就要用到它.

在实际应用中，当随机变量的分布未知时，有时契比雪夫不等式能给出事件 $\{|X-\mu|<\varepsilon\}$ 或 $\{|X-\mu|\geqslant\varepsilon\}$ 发生的概率界限，即给出这些事件发生的概率的一个估计.

2. 中心极限定理是描述什么的？它有何现实意义？

答：中心极限定理是指描述、论证“在一般条件下，n 个随机变量的和，当 $n\to\infty$ 时的极限分布是正态分布”的一些定理，其客观背景是：某些随机现象不是由某一两个因素造成的，而是由大量的、微小的、相互独立的、单独来看是微不足道的因素综合影响的结果. 而描述这种随机现象的随机变量可以看成是这些起微小作用的因素的总和，它往往近似地服从正态分布.

中心极限定理的价值：对于许多复杂的随机变量的分布，在一定的条件下可近似地服从正态分布，从而获得实用而又简单的统计分析，成为数理统计中的大样本统计推断的理论基础. 因此，不论在实际应用中还是理论上，中心极限定理都有很大的价值.

3. 随机变量序列 $\{Y_n\}$ 依概率收敛于 a 与数列 $\{Y_n\}$ 收敛于 a（当 $n\to\infty$ 时）有何区别？

答：依概率收敛要比数列收敛弱一些，它具有某种不确定性.

(1) 随机变量序列 $Y_n \xrightarrow{P} a$ 是指：当 $n\to\infty$ 时，$P\{|Y_n-a|<\varepsilon\}\to 1$（并非 Y_n 本身收敛于 a）；

而数列 $Y_n\to a$ 是指：当 $n\to\infty$ 时，数列 $Y_n\to a$（Y_n 本身收敛于 a）.

(2) 数列 $Y_n\to a$ 用数学语言可描述为：对于 $\forall\varepsilon>0$，$\exists N\in \mathbf{Z}_+$，当 $n>N$ 时，恒有 $|Y_n-a|<\varepsilon$ 成立；

而随机变量序列 $Y_n \xrightarrow{P} a$ 可用数学语言描述为：只要 n 充分大，Y_n 的取值与数 a 可以以很大的概率非常接近，但不排除事件 $\{|Y_n-a|\geqslant\varepsilon\}$ 的发生，只是发生的可能性很小.

依概率收敛的等价定义为 $\lim\limits_{n\to\infty}P\{|Y_n-a|\geqslant\varepsilon\}=0$.

4. 大数定律与中心极限定理之间有什么联系？

答：大数定律是研究随机变量序列 $\{X_n\}$ 依概率收敛的极限问题，而中心极限定理是研究随机变量序列 $\{X_n\}$ 依分布收敛的极限问题. 下面用独立同分布随机变量序列 $\{X_n\}$ 说明大数定律与中心极限定理之间的联系.

设随机变量 $X_1,X_2,\cdots,X_n,\cdots$ 相互独立，服从同一分布，且 $E(X_i)=\mu$，$D(X_i)=\sigma^2>0(i=1,2,\cdots)$. 则由契比雪夫大数定律（特殊情况）得

$$\lim_{n\to\infty}P\left\{\left|\frac{1}{n}\sum_{i=1}^{n}(X_i-\mu)\right|<\varepsilon\right\}=1,$$

而由中心极限定理知，当 n 充分大时，有

$$P\left\{\left|\frac{1}{n}\sum_{i=1}^{n}(X_i-\mu)\right|\leqslant\varepsilon\right\}=P\left\{\left|\frac{1}{\sigma\sqrt{n}}\sum_{i=1}^{n}(X_i-\mu)\right|\leqslant\frac{\sqrt{n}\,\varepsilon}{\sigma}\right\}$$

$$\approx\Phi\left(\frac{\sqrt{n}\,\varepsilon}{\sigma}\right)-\Phi\left(-\frac{\sqrt{n}\,\varepsilon}{\sigma}\right)=2\Phi\left(\frac{\sqrt{n}\,\varepsilon}{\sigma}\right)-1.$$

由此可见，中心极限定理较大数定律更精确.

四、例题分析

题型1 估算随机事件的概率.

解题思路 常用的方法有两种：

(1) 利用契比雪夫不等式.

设随机变量 X 具有数学期望 $E(X)$ 和方差 $D(X)$，则如下不等式称为契比雪夫不等式：

$$P\{|X-E(X)|\geqslant\varepsilon\}\leqslant\frac{D(X)}{\varepsilon^2}\text{ 或 }P\{|X-E(X)|<\varepsilon\}\geqslant 1-\frac{D(X)}{\varepsilon^2}.$$

解题步骤

① 依题意选择随机变量 X，求出 $E(X)$，$D(X)$；

② 将 $P\{a<X<b\}$ 化为 $P\{|X-E(X)|<\varepsilon\}$ 或 $P\{|X-E(X)|\geqslant\varepsilon\}$；

③ 由契比雪夫不等式给出 $P\{a<X<b\}$ 的估计.

(2) 利用中心极限定理.

常用的是独立同分布的中心极限定理和棣莫弗-拉普拉斯定理.

解题步骤

① 判别随机变量序列是属于伯努利分布还是独立同分布，求出 $E(X)=\mu$，$D(X)=\sigma^2$；

② 写出相应的随机变量

$$U=\frac{\overline{X}-E(\overline{X})}{\sqrt{D(\overline{X})}}=\begin{cases}\dfrac{\eta_n-np}{\sqrt{np(1-p)}}, & X_i\text{ 服从伯努利分布,}\\ \dfrac{\sum\limits_{i=1}^{n}X_i-n\mu}{\sqrt{n}\sigma}, & X_i\text{ 服从独立同分布;}\end{cases}$$

③ $P\{U\leqslant x\}=\int_{-\infty}^{x}\frac{1}{\sqrt{2\pi}}e^{-\frac{t^2}{2}}dt=\Phi(x)$.

常见形式：$P\{a<\eta_n<b\}\approx\Phi\left(\frac{b-np}{\sqrt{np(1-p)}}\right)-\Phi\left(\frac{a-np}{\sqrt{np(1-p)}}\right)$，

$$P\{|\eta_n|<\varepsilon\}\approx 2\Phi\left(\frac{\varepsilon-np}{\sqrt{np(1-p)}}\right)-1.$$

例 1 设随机变量 X 的方差为 2，则根据契比雪夫不等式有估计 $P\{|X-E(X)|\geqslant 2\}\leqslant$ $\underline{\frac{1}{2}}$.

解 因为 $D(X)=2$，应用契比雪夫不等式得

$$P\{|X-E(X)|\geqslant 2\}\leqslant\frac{D(X)}{2^2}=\frac{2}{4}=\frac{1}{2}.$$

例 2 设随机变量 X 和 Y 的数学期望分别为 -1 和 1，方差分别为 4 和 9，相关系数为 -0.5，根据契比雪夫不等式估计 $P\{|X+Y|\geqslant 6\}$.

解 依题意有

$$E(X+Y)=E(X)+E(Y)=0,$$

$$D(X+Y)=D(X)+2\mathrm{Cov}(X,Y)+D(Y)$$
$$=D(X)+2\rho_{XY}\sqrt{D(X)}\sqrt{D(Y)}+D(Y)$$
$$=7.$$

根据契比雪夫不等式，有

$$P\{|X+Y|\geqslant 6\}\leqslant\frac{D(X+Y)}{6^2},$$

即

$$P\{|X+Y|\geqslant 6\}\leqslant\frac{7}{36}.$$

例3　设随机变量 X 的数学期望 $E(X)=\mu$，方差 $D(X)=\sigma^2$ 都存在，则 $P\{|X-\mu|<3\sigma\}\geqslant$ $\underline{\frac{8}{9}}$.

解　由契比雪夫不等式，得

$$P\{|X-\mu|<3\sigma\}=P\{|X-E(X)|<3\sigma\}$$
$$\geqslant 1-\frac{D(X)}{(3\sigma)^2}=\frac{8}{9}.$$

例4　设电站电网有10000盏电灯，每晚各灯开着的概率都是0.7.假设各灯开、关时间彼此独立，试估计每晚同时开着的灯的数目在6800～7200的概率.

解　设 X 表示“10000盏灯中同时开着的数目”，则 $X\sim b(10000,0.7)$，

$$E(X)=10000\times0.7=7000,$$
$$D(X)=10000\times0.7\times0.3=2100.$$

方法1　由契比雪夫不等式，有

$$P\{6800<X<7200\}=P\{-200<X-7000<200\}$$
$$=P\{|X-E(X)|<200\}$$
$$\geqslant 1-\frac{D(X)}{200^2}=1-\frac{2100}{200^2}=0.9475.$$

方法2　用棣莫弗-拉普拉斯中心定理近似计算.

由于二项分布中参数 n 相当大，根据中心极限定理知 X 近似服从 $N(7000,2100)$.故

$$P\{6800<X<7200\}=P\left\{\left|\frac{X-7000}{\sqrt{2100}}\right|<\frac{200}{\sqrt{2100}}\right\}\approx 2\Phi(4.36)-1=0.99999.$$

例5　检查员逐个地检查某种产品，每次花10秒钟检查一个，但也可能有的产品需要再花10秒钟重复检查一次，假设每个产品需要复检的概率为0.5，求在8小

时内检查员检查的产品个数多于 1600 个的概率.

解 用随机变量 X_i 表示"检查第 i 个产品花费的时间",则

$$X_i=\begin{cases}10, & 第 i 个不需复检,\\ 20, & 第 i 个需要复检\end{cases}(i=1,2,\cdots,1600),$$

则 $X=\sum_{i=1}^{1600}X_i$ 为检查 1600 个产品所需花的时间.

$$E(X_i)=10\times0.5+20\times0.5=15,$$
$$D(X_i)=E(X_i^2)-[E(X_i)]^2$$
$$=10^2\times0.5+20^2\times0.5-15^2=25.$$

由独立同分布的中心极限定理可知

$$P\{X\leqslant8\times3600\}=P\left\{\frac{X-nE(X_i)}{\sqrt{n}\sigma}\leqslant\frac{8\times3600-nE(X_i)}{\sqrt{n}\sigma}\right\}$$
$$=P\left\{\frac{X-1600\times15}{\sqrt{1600}\times5}\leqslant\frac{8\times3600-1600\times15}{\sqrt{1600}\times5}\right\}$$
$$=P\left\{\frac{X-1600\times15}{40\times5}\leqslant24\right\}\approx\Phi(24)\approx1.$$

例 6 设随机变量 $X_i(i=1,2,\cdots)$ 相互独立,且都服从参数为 $\lambda=0.04$ 的泊松分布,随机变量 $Z=X_1+X_2+\cdots+X_{100}$,求 $P\{Z>3\}$.

分析 因为 $X_i(i=1,2,\cdots)$ 相互独立,且都服从参数为 $\lambda=0.04$ 的泊松分布,即 $E(X_i)=\mu=\lambda=0.04$,$D(X_i)=\sigma^2=\lambda=0.04(i=1,2,\cdots)$,所以应用独立同分布的中心极限定理可求出 $P\{Z>3\}$的近似值.

解 由泊松分布的数学期望及方差知

$$E(X_i)=\mu=\lambda=0.04,$$
$$D(X_i)=\sigma^2=\lambda=0.04,$$
$$E\left(\sum_{i=1}^{100}X_i\right)=100\times0.04=4,$$

$D\left(\sum_{i=1}^{100}X_i\right)=100\sigma^2=100\times0.04=4$(这里利用了 $X_1,X_2,\cdots$ 的相互独立性),

所以,由中心极限定理知,对于任意 x,有

$$\lim_{n\to\infty}P\left\{\frac{\sum_{i=1}^{100}X_i-n\mu}{\sqrt{n}\sigma}\leqslant x\right\}=\int_{-\infty}^{x}\frac{1}{\sqrt{2\pi}}\mathrm{e}^{-\frac{t^2}{2}}\mathrm{d}t.$$

从而

$$P\{Z>3\}=P\left\{\sum_{i=1}^{100}X_i>3\right\}=1-P\left\{\sum_{i=1}^{100}X_i\leqslant 3\right\}$$

$$=1-P\left\{\frac{\sum_{i=1}^{100}X_i-4}{\sqrt{4}}\leqslant\frac{3-4}{2}\right\}$$

$$=1-P\left\{\frac{\sum_{i=1}^{100}X_i-4}{2}\leqslant-\frac{1}{2}\right\}$$

$$\approx 1-\int_{-\infty}^{-\frac{1}{2}}\frac{1}{\sqrt{2\pi}}\mathrm{e}^{-\frac{t^2}{2}}\mathrm{d}t$$

$$=1-\Phi\left(-\frac{1}{2}\right)=\Phi\left(\frac{1}{2}\right)$$

$$\approx 0.6915,$$

即 $P\{Z>3\}\approx 0.6915$.

例 7　某市保险公司开办“重大人身意外伤害”(以下称“大伤”)保险业务,被保险人每年向公司交保险金 120 元,若被保险人在一年内发生了一次或多次“大伤”,本人或其家属可从保险公司获得一次(仅一次)3 万元的赔偿金. 该市历年发生“大伤”的概率为 0.0003,且该市现有 9 万人参加此项保险,求保险公司在一年内从此项业务中至少获得 954 万元收益的概率.

解　设该市 9 万名被保险人在一年内获得赔偿金的人数为 X,则 X 服从参数为 $n=90000$,$p=0.0003$ 的二项分布.

保险公司一年内从此项业务中得到的收益为

$$0.012\times 90000-3X=1080-3X(\text{万元}),$$

依题意,所求概率为

$$P\{1080-3X\geqslant 954\}=P\{X\leqslant 42\}.$$

由棣莫弗-拉普拉斯定理得

$$P\{1080-3X\geqslant 954\}=P\left\{\frac{X-90000\times 0.0003}{\sqrt{90000\times 0.0003\times 0.9997}}\leqslant\frac{42-27}{\sqrt{26.9919}}\right\}$$

$$\approx\Phi\left(\frac{42-27}{\sqrt{26.9919}}\right)\approx\Phi(2.90)\approx 0.9981,$$

即保险公司在一年内从此项业务中至少获得 954 万元收益的概率达到 0.9981.

注　投保人一年内只交 120 元保险金,若受“大伤”却能得 3 万元(相当于 120 元的 250 倍)的赔偿金,而保险公司又能赚大利,钱从何而来? 关键在于:投保的人数多而发生“大伤”的概率小.

例 8 从一大批废品率为 3%的产品中随机地抽取 1000 个,用中心极限定理求废品数在 20～40 的概率.

解 由于是从一大批产品中随机地抽取 1000 个,我们可以把不放回抽取近似当作有放回抽取.

设 X 表示“抽取的 1000 个产品中所包含的废品个数”,则 $X \sim b(1000, 0.03)$. 故

$$E(X)=30, D(X)=29.1.$$

由中心极限定理知,X 近似服从正态分布 $N(30, 29.1)$.

所以

$$\begin{aligned} P\{20<X<40\} &\approx \Phi\left(\frac{40-30}{\sqrt{29.1}}\right)-\Phi\left(\frac{20-30}{\sqrt{29.1}}\right) \\ &=2\Phi(1.85)-1 \\ &=2\times 0.96784-1=0.9357. \end{aligned}$$

题型 2 由中心极限定理确定试验次数 n.

解题思路 一般是由中心极限定理求解 n,具体步骤如下:

① 将 $a<X\leqslant n$ 变形为 $\frac{a-E(X)}{\sqrt{D(X)}}<\frac{X-E(X)}{\sqrt{D(X)}}\leqslant\frac{n-E(X)}{\sqrt{D(X)}}$;

② $P\{a<X\leqslant n\}=P\left\{\frac{a-E(X)}{\sqrt{D(X)}}<\frac{X-E(X)}{\sqrt{D(X)}}\leqslant\frac{n-E(X)}{\sqrt{D(X)}}\right\}$

$$=\Phi\left(\frac{n-E(X)}{\sqrt{D(X)}}\right)-\Phi\left(\frac{a-E(X)}{\sqrt{D(X)}}\right)\geqslant p;$$

③ 查正态分布表,解不等式求 n 的值.

例 9 甲、乙两个戏院在竞争 1000 名观众,假定每个观众完全随机地选择一个戏院,问每个戏院应该设有多少个座位才能保证因缺少座位而使观众离去的概率小于 1%?

解 因两个戏院情况一样,故只需考虑甲戏院,即可设甲戏院需设 M 个座位,定义随机变量 ξ_i 如下:

$$\xi_i=\begin{cases}1, & \text{若第 } i \text{ 个观众选择甲戏院}, \\ 0, & \text{否则}\end{cases} \quad (i=1,2,\cdots,1000),$$

则 $P\{\xi_i=1\}=P\{\xi_i=0\}=\frac{1}{2}$, $\xi_1, \xi_2, \cdots, \xi_{1000}$ 是独立同分布的随机变量.

以 ξ 表示“选择甲戏院的观众总数”,则

$$\xi=\xi_1+\xi_2+\cdots+\xi_{1000}.$$

据题意，要决定 M 使 $P\{\xi\leqslant M\}\geqslant 99\%$.

注意到 $E(\xi_i)=\dfrac{1}{2}, D(\xi_i)=\dfrac{1}{4}$，由独立同分布的中心极限定理，得

$$\begin{aligned}P\{\xi\leqslant M\}&=P\Big\{\sum_{i=1}^{1000}\xi_i\leqslant M\Big\}\\&=P\left\{\frac{\sum_{i=1}^{1000}(\xi_i-0.5)}{\frac{1}{2}\sqrt{1000}}\leqslant\frac{M-500}{\frac{1}{2}\sqrt{1000}}\right\}\\&\approx\Phi\Big(\frac{M-500}{5\sqrt{10}}\Big)\geqslant 99\%.\end{aligned}$$

查标准正态分布表，得

$$\frac{M-500}{5\sqrt{10}}\geqslant 2.33,$$

所以 $$M\geqslant 2.33\times 5\sqrt{10}+500\approx 537,$$

即每个戏院应设 537 个以上的座位.

例 10　某车间有 200 台车床，由于各种原因，每台车床只有 60%的时间在开动，每台车床开动期间耗电量为 e，问至少供应此车间多少电量才能以 99.9%的概率保证此车间不会因供电不足而影响生产？

解　以 X 表示"工作的机床台数"，则 $X\sim b(200,0.6)$，设要向车间供电 x 千瓦的电量才能满足要求，即

$$P\{0<X\leqslant x\}=\sum_{k=1}^{x}C_{200}^{k}(0.6)^k(0.4)^{200-k}\geqslant 0.999.$$

由棣莫弗-拉普拉斯中心极限定理，得

$$\begin{aligned}P\{0<X\leqslant x\}&=P\left\{\frac{0-np}{\sqrt{np(1-p)}}<\frac{X-np}{\sqrt{np(1-p)}}\leqslant\frac{x-np}{\sqrt{np(1-p)}}\right\}\\&\approx\Phi\Big(\frac{x-120}{\sqrt{48}}\Big)-\Phi\Big(\frac{-120}{\sqrt{48}}\Big)\\&\approx\Phi\Big(\frac{x-120}{\sqrt{48}}\Big)\geqslant 0.999=\Phi(3.1).\end{aligned}$$

查标准正态分布表，得 $\dfrac{x-120}{\sqrt{48}}\geqslant 3.1$，则 $x\geqslant 141$.

因此至少要向该车间供电 141 千瓦.

例 11 某单位设置一部电话总机，内设 250 部分机，每个分机有 10%的时间要使用外线通话，并且每个分机使用外线与否相互独立，问总机至少要接多少条外线才能以 95%的概率保证分机使用外线通话无阻？

解 设某时刻 250 部分机使用外线通话的数量为 X，则 X 服从参数为 $n=250$，$p=\frac{1}{10}$的二项分布.

设该总机至少要设置 m 条外线才能以 95%的概率保证 250 部分机使用外线通话无阻. 因此要求从 $P\{0<X\leqslant m\}=0.95$ 中求出 m.

由棣莫弗-拉普拉斯定理得

$$P\{0<X\leqslant m\}=P\left\{\frac{0-250\times\frac{1}{10}}{\sqrt{250\times\frac{1}{10}\times\frac{9}{10}}}<\frac{X-250\times\frac{1}{10}}{\sqrt{250\times\frac{1}{10}\times\frac{9}{10}}}\leqslant\frac{m-250\times\frac{1}{10}}{\sqrt{250\times\frac{1}{10}\times\frac{9}{10}}}\right\}$$

$$\approx\Phi\left(\frac{m-25}{\frac{15}{\sqrt{10}}}\right)-\Phi\left(-\frac{5\sqrt{10}}{3}\right)$$

$$=\Phi\left(\frac{m-25}{\frac{15}{\sqrt{10}}}\right)+\Phi\left(\frac{5\sqrt{10}}{3}\right)-1.$$

由于 $\Phi\left(\frac{5\sqrt{10}}{3}\right)\approx 1$，所以

$$P\{0<X\leqslant m\}\approx\Phi\left(\frac{m-25}{\frac{15}{\sqrt{10}}}\right).$$

于是

$$\Phi\left(\frac{m-25}{\frac{15}{\sqrt{10}}}\right)=0.95.$$

查标准正态分布表，得 $(m-25)\times\frac{\sqrt{10}}{15}=1.645$，解出 $m\approx 32.8$.

因此，取 $m=33$，即为了使 250 部分机在任一时刻以 95%的概率保证使用外线通话无阻，总机至少要设置 33 条外线.

例 12 一个复杂系统由 100 个相互独立的元件组成，在系统运行期间每个元件损坏的概率均为 0.1. 又知为使系统正常运行，至少要有 85 个元件正常工作.

(1) 求系统的可靠度(即正常运行的概率)；

(2) 假如上述系统由 n 个相互独立的元件组成，而且要求至少有 80% 的元件正常工作才能使整个系统正常运行，问 n 至少为多大时，才能保证系统的可靠度为 0.95？

解　(1) 设随机变量

$$X_i=\begin{cases}1, & \text{第 } i \text{ 个元件没有损坏},\\ 0, & \text{第 } i \text{ 个元件损坏},\end{cases}$$

X 为"系统正常运行时完好的元件个数"，则 $X=\sum_{i=1}^{100}X_i$，X_i 服从(0-1)分布，即

$$X=\sum_{i=1}^{100}X_i\sim b(100,0.9),$$

于是

$$E(X)=100\times0.9=90,D(X)=100\times0.9\times0.1=9.$$

故所求概率为

$$\begin{aligned}P\{X\geqslant85\}&=1-P\{X<85\}\\&=1-P\left\{\frac{X-90}{\sqrt{9}}<\frac{85-90}{\sqrt{9}}\right\}\\&=1-P\left\{\frac{X-90}{\sqrt{9}}<-\frac{5}{3}\right\}\\&\approx1-\Phi\left(-\frac{5}{3}\right)=0.952.\end{aligned}$$

(2) 如(1)所设，则

$$X=\sum_{i=1}^{n}X_i\sim b(n,0.9),$$

于是

$$E(X)=n\times0.9=0.9n,\ D(X)=n\times0.9\times0.1=0.09n,$$

所以

$$\begin{aligned}P\{X\geqslant0.8n\}&=1-P\{X<0.8n\}\\&=1-P\left\{\frac{X-0.9n}{0.3\sqrt{n}}<\frac{0.8n-0.9n}{0.3\sqrt{n}}\right\}\\&=1-P\left\{\frac{X-0.9n}{0.3\sqrt{n}}<-\frac{\sqrt{n}}{\sqrt{3}}\right\}\\&\approx1-\Phi\left(-\frac{\sqrt{n}}{3}\right)=\Phi\left(\frac{\sqrt{n}}{3}\right),\end{aligned}$$

由题意知 $\Phi\left(\frac{\sqrt{n}}{3}\right)=0.95$，查表知$\frac{\sqrt{n}}{3}=1.65$，解得 $n=24.5$，故取 $n=25$.

例 13 试利用(1) 契比雪夫不等式，(2) 中心极限定理分别确定投掷一枚均匀硬币的次数，使得出现正面向上的频率在 0.4～0.6 的概率不小于 0.9.

解 设 X 表示"投掷一枚均匀硬币 n 次，其中正面向上的次数"，则

$$X\sim b(n,0.5),E(X)=np=0.5n,D(X)=np(1-p)=0.25n.$$

$$(1)\ P\left\{0.4<\frac{X}{n}<0.6\right\}=P\{0.4n<X<0.6n\}=P\{-0.1n<X-0.5n<0.1n\}$$

$$=P\{|X-0.5n|<0.1n\}\geqslant 1-\frac{D(X)}{(0.1n)^2}$$

$$=1-\frac{0.25n}{0.01n^2}=1-\frac{25}{n}\geqslant 0.9,$$

则$\frac{25}{n}\leqslant 0.1$，解得 $n\geqslant 250$.

$$(2)\ P\left\{0.4<\frac{X}{n}<0.6\right\}=P\{0.4n<X<0.6n\}$$

$$=\Phi\left(\frac{0.6n-0.5n}{\sqrt{0.25n}}\right)-\Phi\left(\frac{0.4n-0.5n}{\sqrt{0.25n}}\right)$$

$$=\Phi(0.2\sqrt{n})-\Phi(-0.2\sqrt{n})$$

$$=2\Phi(0.2\sqrt{n})-1\geqslant 0.9,$$

则 $\Phi(0.2\sqrt{n})-1\geqslant 0.95$，查表得 $0.2\sqrt{n}\geqslant 1.645$，解得 $n\geqslant 67.65$，故取 $n=68$.

注 一般情况下，估计概率时，用中心极限定理要比用契比雪夫不等式精确得多.

题型 3 有关大数定律与中心极限定理的证明题.

例 14 证明：(马尔可夫定理)如果随机变量序列 $X_1,X_2,\cdots,X_n,\cdots$满足条件

$$\lim_{n\to\infty}\frac{1}{n^2}\left[D\left(\sum_{i=1}^{n}X_i\right)\right]=0,$$

那么对任意给定的 $\varepsilon>0$，恒有

$$\lim_{n\to\infty}P\left\{\left|\frac{1}{n}\sum_{i=1}^{n}X_i-\frac{1}{n}\sum_{i=1}^{n}E(X_i)\right|<\varepsilon\right\}=1.$$

证 令 $X=\frac{1}{n}\sum_{i=1}^{n}X_i$，则

$$E(X)=E\left(\frac{1}{n}\sum_{i=1}^{n}X_i\right)=\frac{1}{n}\sum_{i=1}^{n}E(X_i),$$

$$D(X)=D\Big(\frac{1}{n}\sum_{i=1}^{n}X_i\Big)=\frac{1}{n^2}D\big(\sum_{i=1}^{n}X_i\big).$$

由契比雪夫不等式知，对任意给定的 $\varepsilon>0$，有

$$P\{|X-E(X)|<\varepsilon\}\geqslant 1-\frac{D(X)}{\varepsilon^2}. \quad (*)$$

根据假设条件有

$$\lim_{n\to\infty}D(X)=\lim_{n\to\infty}\frac{1}{n^2}D\big(\sum_{i=1}^{n}X_i\big)=0.$$

在（*）式两边取极限，得

$$\lim_{n\to\infty}P\{|X-E(X)|<\varepsilon\}\geqslant 1.$$

由于概率不可能大于1，故有

$$\lim_{n\to\infty}P\{|X-E(X)|<\varepsilon\}=1,$$

即

$$\lim_{n\to\infty}P\left\{\left|\frac{1}{n}\sum_{i=1}^{n}X_i-\frac{1}{n}\sum_{i=1}^{n}E(X_i)\right|<\varepsilon\right\}=1.$$

例 15　设随机变量 X 的概率密度为

$$f(x)=\begin{cases}\dfrac{x^n}{n!}e^{-x}, & x\geqslant 0,\\ 0, & x<0,\end{cases}$$

其中 n 为正整数，试证：

$$P\{0<X<2(n+1)\}\geqslant\frac{n}{n+1}.$$

证　随机变量 X 的期望和方差分别为

$$E(X)=\int_0^{+\infty}x\cdot\frac{x^n}{n!}e^{-x}dx=\frac{\Gamma(n+2)}{n!}=\frac{(n+1)!}{n!}=n+1,$$

$$E(X^2)=\int_0^{+\infty}x^2\cdot\frac{x^n}{n!}e^{-x}dx=\frac{\Gamma(n+3)}{n!}=\frac{(n+2)!}{n!}=(n+1)(n+2),$$

$$D(X)=E(X^2)-[E(X)]^2=(n+1)(n+2)-(n+1)^2=n+1.$$

故由契比雪夫不等式，得

$$P\{0<X<2(n+1)\}=P\{|X-(n+1)|<n+1\}\geqslant 1-\frac{n+1}{(n+1)^2}=\frac{n}{n+1}.$$

五、自测练习

A组

1. 设随机变量 X 和 Y 独立同分布，$E(X)=4$，$D(X)=3$，则根据契比雪夫不等式有 $P\{|X-Y|\geqslant 5\}\leqslant$__________.

2. 设 U_n 是 n 次独立重复试验中事件 A 出现的次数，p 为 A 在一次试验中出现的概率，且 $0<p<1$，$1-p=q$，则对任意区间 $[a,b]$，有 $\lim\limits_{n\to\infty}P\left\{a<\dfrac{U_n-np}{\sqrt{npq}}\leqslant b\right\}$ $=$____________.

3. 设随机变量 X 的方差为 4，则根据契比雪夫不等式有估计 $P\{|X-E(X)|\geqslant 3\}\leqslant$__________.

4. 设 $X_1,X_2,\cdots,X_n,\cdots$ 为独立同分布的随机变量序列，且均服从参数为 $\lambda(\lambda>1)$ 的指数分布，记 $\Phi(x)$ 为标准正态分布函数，则 (　　)

A. $\lim\limits_{n\to\infty}P\left\{\dfrac{\sum\limits_{i=1}^{n}X_i-n\lambda}{\lambda\sqrt{n}}\leqslant x\right\}=\Phi(x)$　　B. $\lim\limits_{n\to\infty}P\left\{\dfrac{\sum\limits_{i=1}^{n}X_i-n\lambda}{\sqrt{n\lambda}}\leqslant x\right\}=\Phi(x)$

C. $\lim\limits_{n\to\infty}P\left\{\dfrac{\lambda\sum\limits_{i=1}^{n}X_i-n}{\sqrt{n}}\leqslant x\right\}=\Phi(x)$　　D. $\lim\limits_{n\to\infty}P\left\{\dfrac{\sum\limits_{i=1}^{n}X_i-\lambda}{\sqrt{n\lambda}}\leqslant x\right\}=\Phi(x)$

5. 设 $X_1,X_2,\cdots,X_n,\cdots$ 为独立同分布的随机变量，其中 $n=300$，X_i 服从(0-1)分布，参数 $p(0<p<1)$，记 $q=1-p$，$\Phi(x)$ 为标准正态分布函数，$S_n=\sum\limits_{i=1}^{n}X_i$，$\overline{X_n}=\dfrac{1}{n}\sum\limits_{i=1}^{n}X_i$，则下列关系式**不正确**的是 (　　)

A. $P\{\overline{X_n}\approx p\}\approx 1$

B. $P\{a<S_n<b\}\approx\Phi(b)-\Phi(a)$

C. S_n 服从参数为 (n,p) 的二项分布

D. $P\{a<S_n<b\}\approx\Phi\left(\dfrac{b-np}{\sqrt{npq}}\right)-\Phi\left(\dfrac{a-np}{\sqrt{npq}}\right)$

6. 设随机变量 X 和 Y 的数学期望分别为 -2 和 2，方差分别为 1 和 4，且相关系数为 -0.5，则根据契比雪夫不等式有 $P\{|X+Y|\geqslant 6\}\leqslant$________.

7. 将一枚硬币连掷100次，计算出现正面的次数大于60的概率.

8. 袋装食盐每袋净重为随机变量，规定每袋标准重量为500克，标准差为10克，一箱内装100袋. 用中心极限定理求一箱食盐净重超过50250克的概率.

9. 抽样检查产品质量时，如果发现次品多于10件，则认为这批产品不能出厂. 问至少检查多少件产品可使次品率为10%的一批产品被判为不能出厂的概率达到95%?

B组

1. 在每次试验中，事件A发生的概率为0.5，利用契比雪夫不等式估计在1000次独立重复试验中，事件A发生的次数在400～600的概率.

2. 一保险公司有10000人投保，每人每年付12元保险费. 已知一年内投保人的死亡率为0.006，如投保人死亡，公司付给投保人家属1000元，求：

(1) 保险公司年利润为0的概率；　(2) 保险公司年利润不少于60000的概率.

3. 计算器在进行加法计算时，将每个加数舍入最靠近它的整数，设所有舍入误差相互独立且在$(-0.5, 0.5)$上服从均匀分布.

(1) 将1500个数相加，问误差总和的绝对值超过15的概率是多少?

(2) 最多可有几个数相加使得误差总和的绝对值小于10的概率不小于0.90?

4. 某保险公司多年的统计资料表明，在索赔户中被盗索赔户占20%，以X表示“随意抽取的100个索赔户中因被盗而向保险公司索赔的户数”.

(1) 写出X的概率分布；

(2) 利用棣莫弗-拉普拉斯定理，求被盗索赔户不少于14户且不多于30户的概率.

5. 某厂有400台同类机器，各机器发生故障的概率为0.02，设各台机器工作是相互独立的，试求故障的台数不少于2的概率.

6. 一生产线生产的产品成箱包装，每箱的重量是随机的. 假设每箱平均重50千克，标准差为5千克. 若用最大载重量为5吨的汽车承运，试用中心极限定理说明每辆车可以装多少箱才能保证不超载的概率大于0.977($\Phi(2)=0.977$).

7. 某调查公司受委托调查某电视节目在S市的收视率p，调查公司将所有调查对象中收看此节目的频率作为p的估计$\hat{p}$. 现在要保证有90%的把握，使调查所得的收视率$\hat{p}$与真实收视率p之间的差异不大于5%，问至少要调查多少对象?

8. 设随机变量$X_1, X_2, \cdots, X_n, \cdots, X_{100}$独立同分布，$E(X_1)=\mu$，$D(X_1)=16$，$\overline{X}=\frac{1}{100}\sum_{i=1}^{100}X_i$，对概率$P\{|\overline{X}-\mu|\leqslant 1\}$分别用契比雪夫不等式和极限定理进行估计与近似计算.

第6章 样本及抽样分布

一、目的要求

1. 掌握总体、个体、简单随机样本及样本值的概念.
2. 了解直方图和箱线图.
3. 掌握统计量的概念.
4. 熟悉常见的统计量:样本均值、样本方差、样本标准差、样本 k 阶原点矩、样本 k 阶中心矩.
5. 了解经验分布函数.
6. 了解常见抽样分布的定义,掌握 χ^2 分布、t 分布及 F 分布的常用性质.
7. 理解正态总体样本均值与样本方差的分布.

二、内容提要

1. 总体、个体、简单随机样本及样本值的概念

随机试验的全部可能观察值称为总体. 每一个可能的观察值称为个体. 总体中个体的个数称为总体的容量. 容量有限的总体称为有限总体. 容量无限的总体称为无限总体.

简单随机样本 $X_1, X_2, \cdots, X_n$ 是一组与总体 X 服从相同分布且相互独立(简称独立同分布或 i. i. d)的随机变量.

样本值$(x_1, x_2, \cdots, x_n)$(或称为样本观察值)为样本的取值,不再是变量.

2. 常用统计量

(1) 顺序统计量

设 $x_1, x_2, \cdots, x_n$ 是样本 $X_1, X_2, \cdots, X_n$ 的样本值，将其按大小顺序排列为 $x_{(1)} \leqslant x_{(2)} \leqslant \cdots \leqslant x_{(n)}$. 规定 $X_{(k)} = x_{(k)}(k=1,2,\cdots,n)$，则称 $X_{(k)}(k=1,2,\cdots,n)$ 为顺序统计量. 其中

$$X_{(1)} = \min\{X_1, X_2, \cdots, X_n\}, X_{(n)} = \max\{X_1, X_2, \cdots, X_n\}, X_{(1)} \leqslant X_{(2)} \leqslant \cdots \leqslant X_{(n)},$$

称 $R = X_{(n)} - X_{(1)}$ 为样本极差，称 $\widetilde{X} = \begin{cases} X_{(k+1)}, & n=2k+1, \\ \dfrac{1}{2}[X_{(k)} + X_{(k+1)}], & n=2k \end{cases}$ 为样本中位数. R 与 $\widetilde{X}$ 都是顺序统计量.

(2) 样本均值

$$\overline{X} = \frac{1}{n}\sum_{i=1}^{n} X_i.$$

(3) 样本方差

$$S^2 = \frac{1}{n-1}\sum_{i=1}^{n}(X_i - \overline{X})^2.$$

(4) 样本标准差

$$S = \sqrt{\frac{1}{n-1}\sum_{i=1}^{n}(X_i - \overline{X})^2}.$$

(5) 样本 k 阶(原点)矩

$$A_k = \frac{1}{n}\sum_{i=1}^{n} X_i^k, k = 1,2,\cdots.$$

(6) 样本 k 阶中心矩

$$B_k = \frac{1}{n}\sum_{i=1}^{n}(X_i - \overline{X})^k, k = 1,2,\cdots.$$

3. 常用抽样分布及其性质

(1) χ^2 分布

① 定义：设 $X_1, X_2, \cdots, X_n$ 是总体 $N(0,1)$ 的样本，则称统计量 $\chi^2 = X_1^2 + X_2^2 + \cdots + X_n^2$ 服从自由度为 n 的 χ^2 分布，记为 $\chi^2 \sim \chi^2(n)$.

② χ^2 分布的性质.

i) 设 $\chi_1^2 \sim \chi_1^2(n_1)$，$\chi_2^2 \sim \chi_2^2(n_2)$，且 χ_1^2 与 χ_2^2 相互独立，则有 $\chi_1^2+\chi_2^2 \sim \chi^2(n_1+n_2)$.

ii) 若 $\chi^2 \sim \chi^2(n)$，则 $E(\chi^2)=n$，$D(\chi^2)=2n$.

iii) $\chi^2 = \sum\limits_{i=1}^{n} \chi_i^2 \sim \Gamma\left(\frac{n}{2},2\right)$.

③ χ^2 分布的上 α 分位点.

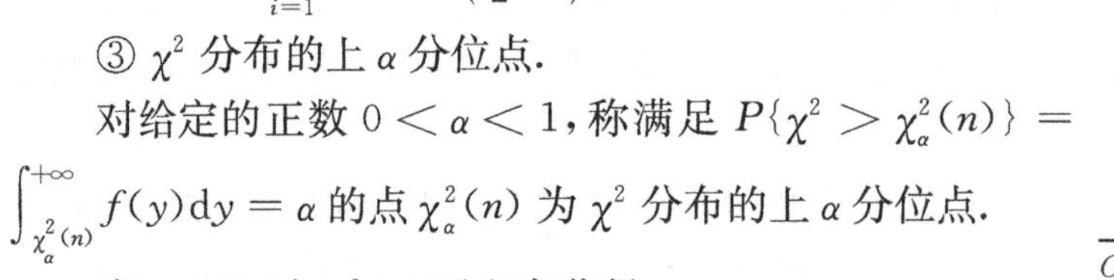

对给定的正数 $0<\alpha<1$，称满足 $P\{\chi^2>\chi_\alpha^2(n)\}=\int_{\chi_\alpha^2(n)}^{+\infty} f(y)\mathrm{d}y=\alpha$ 的点 $\chi_\alpha^2(n)$ 为 χ^2 分布的上 α 分位点.

当 $n \leqslant 45$ 时，$\chi_\alpha^2(n)$ 可查表获得.

当 $n>45$ 时，$\chi_\alpha^2(n) \approx \frac{1}{2}(Z_\alpha+\sqrt{2n-1})^2$.

(2) t 分布

① 定义：设 $X \sim N(0,1)$，$Y \sim \chi^2(n)$，且 X,Y 相互独立，则称随机变量 $t=\dfrac{X}{\sqrt{\dfrac{Y}{n}}}$ 服从自由度为 n 的 t 分布，记为 $t \sim t(n)$.

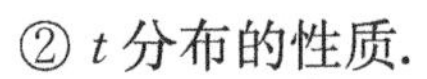

② t 分布的性质.

i) t 分布的密度函数 $h(t)$ 的图形关于 $t=0$ 对称.

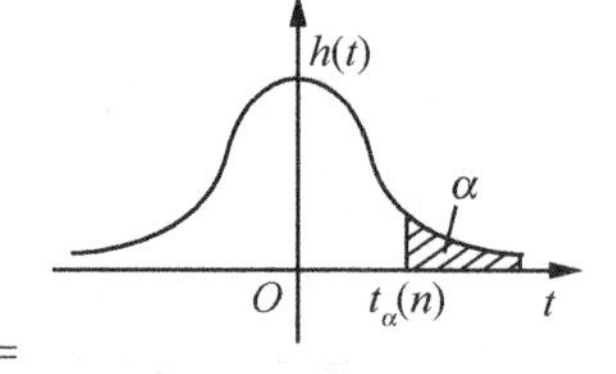

ii) $\lim\limits_{n\to\infty} h(t)=\frac{1}{\sqrt{2\pi}}\mathrm{e}^{-\frac{t^2}{2}}$.

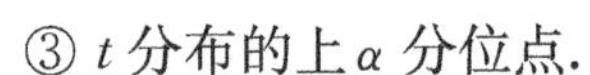

③ t 分布的上 α 分位点.

i) 定义：对给定的 $0<\alpha<1$，称满足 $P\{t>t_\alpha(n)\}=\int_{t_\alpha(n)}^{+\infty} h(t)\mathrm{d}t=\alpha$ 的点 $t_\alpha(n)$ 为 t 分布的上 α 分位点.

ii) 由 $h(t)$ 的对称性知 $t_{1-\alpha}(n)=-t_\alpha(n)$.

iii) 当 $n \leqslant 45$ 时，$t_\alpha(n)$ 可查表获得. 当 $n>45$ 时，$t_\alpha(n) \approx Z_\alpha$.

(3) F 分布

① 定义：设 $U \sim \chi^2(n_1)$，$V \sim \chi^2(n_2)$，且 U,V 相互独立，则称随机变量 $F=\dfrac{\dfrac{U}{n_1}}{\dfrac{V}{n_2}}$ 服从自由度为 (n_1,n_2) 的 F 分布，记为 $F \sim F(n_1,n_2)$.

② F 分布的性质.

若 $F \sim F(n_1,n_2)$，则 $\frac{1}{F} \sim F(n_2,n_1)$.

③ F 分布的上 α 分位点.

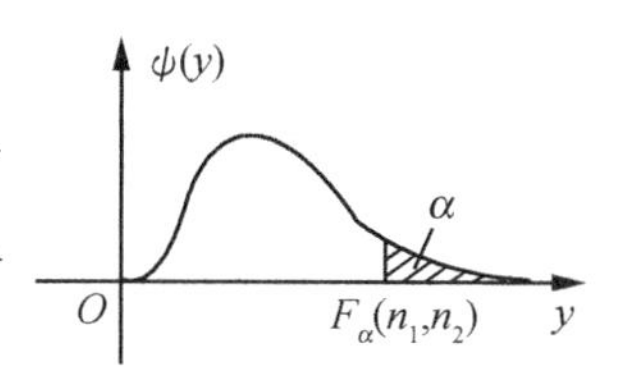

i) 定义:对于给定的 $0<\alpha<1$,称满足条件 $P\{F>F_\alpha(n_1,n_2)\}=\int_{F_\alpha(n_1,n_2)}^{+\infty}\psi(y)\mathrm{d}y=\alpha$ 的点 $F_\alpha(n_1,n_2)$ 为 F 分布的上 α 分位点.

ii) $F_{1-\alpha}(n_1,n_2)=\dfrac{1}{F_\alpha(n_2,n_1)}$.

4. 正态总体的样本均值与样本方差的分布

(1) 单个总体 $X\sim N(\mu,\sigma^2)$,$\overline{X}$,S^2 分别为样本均值和样本方差

① $\overline{X}\sim N\left(\mu,\dfrac{\sigma^2}{n}\right)$,$Z=\dfrac{\overline{X}-\mu}{\dfrac{\sigma}{\sqrt{n}}}\sim N(0,1)$.

② $\dfrac{(n-1)S^2}{\sigma^2}\sim\chi^2(n-1)$.

③ $\overline{X}$ 与 S^2 相互独立.

④ $\dfrac{\overline{X}-\mu}{\dfrac{S}{\sqrt{n}}}\sim t(n-1)$.

(2) 两个总体 $X\sim N(\mu_1,\sigma_1^2)$,$Y\sim N(\mu_2,\sigma_2^2)$

$\overline{X}$,S_1^2 分别为来自总体 X 的样本的样本均值和样本方差.

$\overline{Y}$,S_2^2 分别为来自总体 Y 的样本的样本均值和样本方差.

① $F=\dfrac{\dfrac{S_1^2}{S_2^2}}{\dfrac{\sigma_1^2}{\sigma_2^2}}=\dfrac{S_1^2}{S_2^2}\cdot\dfrac{\sigma_2^2}{\sigma_1^2}\sim F(n_1-1,n_2-1)$.

② 若 $\sigma_1^2=\sigma_2^2=\sigma^2$,则

$$F=\frac{S_1^2}{S_2^2}\sim F(n_1-1,n_2-1).$$

$$\frac{(\overline{X}-\overline{Y})-(\mu_1-\mu_2)}{S_w\sqrt{\dfrac{1}{n_1}+\dfrac{1}{n_2}}}\sim t(n_1+n_2-2),$$

其中 $S_w^2=\dfrac{(n_1-1)S_1^2+(n_2-1)S_2^2}{n_1+n_2-2}$,$S_w=\sqrt{S_w^2}$.

三、复习提问

1. 总体与样本的具体关系是怎样的？

答：总体是一个随机变量，在数理统计中，总体 X 在大部分情况下是一个正态总体，即 $X\sim N(\mu,\sigma^2)$. 而样本是一列随机变量：$X_1,X_2,\cdots,X_n$，在这一列随机变量中的每一个 X_i 均与总体 X 服从相同的分布，且 $X_1,X_2,\cdots,X_n$ 相互独立. X_i 的这一性质是由于 X_i 是从总体 X 中取出的. 事实上，每一个 X_i 均有可能取到总体中任何一个个体.

2. 什么样的量可以称为统计量，统计量具有哪些特性？

答：统计量是样本的一个函数，而且在这个函数中不能出现任何未知的参数. 某些统计量中会包含一些参数，但这些参数必须是已知的.

3. 分布的上 α 分位点与分布函数有何联系与区别？

答：以标准正态分布为例来进行说明.

设 $X\sim N(0,1)$，则其分布函数为 $\Phi(x)=P\{X\leqslant x\}=\int_{-\infty}^{x}\varphi(t)\mathrm{d}t$.

给定 u，若 $u>0$，则可查标准正态分布表得 $\Phi(u)$. 若 $u<0$，可查表得 $\Phi(-u)$，再由 $\Phi(u)=1-\Phi(-u)$ 算得 $\Phi(u)$.

若已知 $\Phi(u)=p$，也可反查标准正态分布表获知 u 的值. 而标准正态分布的上 α 分位点的定义为使 $P\{X>Z_\alpha\}=\alpha$ 成立的 Z_α. 两者定义是不同的，但是由 $P\{X>Z_\alpha\}=1-P\{X\leqslant Z_\alpha\}=1-\Phi(Z_\alpha)=\alpha$ 得 $\Phi(Z_\alpha)=1-\alpha$. 此为上 α 分位点与分布函数的联系.

4. 样本方差 S^2 为何定义成 $\dfrac{1}{n-1}\sum\limits_{i=1}^{n}(X_i-\overline{X})^2$ 而非 $\dfrac{1}{n}\sum\limits_{i=1}^{n}(X_i-\overline{X})^2$？

答：在数理统计中，S^2 常用来估计总体方差 σ^2. 为了让 S^2 作为 σ^2 的估计具有更好的统计性质，故定义 $S^2=\dfrac{1}{n-1}\sum\limits_{i=1}^{n}(X_i-\overline{X})^2$. 同学可留意下一章中关于点估计量无偏性的讨论.

5. 如何理解大样本问题与小样本问题？

答：众多的统计推断、分析问题与统计量或样本函数的分布相关联，而要得到有关精确分布或近似分布，又与样本容量紧密相连. 如果对于固定的样本容量，可得到相关统计量或样本函数的精确分布，那么与此相应的统计推断、分析问题，通常属于小样本问题；如果统计量或样本函数的精确分布不易求出或其表达方式过于复杂而难以应用时，如能求出在样本容量趋于无穷时的极限分布，那么利用此极限分布作为其近似分布进行统计推断、分析问题，便属于大样本问题. 但大样本与小样本绝不可以用样本容量大或小来区分，因为样本容量的大小受多种因素的影响，有时虽属小样本问题，但要求样本的容量可能比较大；反之，对某些大样本问题，有可能要求其样本容量并不大.

四、例题分析

例 1　从正态总体 $N(3.4,6^2)$ 中抽取容量为 n 的样本，如果要求其样本值位于区间 $(1.4,5.4)$ 内的概率不小于 0.95，问样本容量 n 至少应取多大？

解　以 $\overline{X}$ 表示该样本均值，则

$$\frac{\overline{X}-3.4}{\frac{6}{\sqrt{n}}}\sim N(0,1).$$

从而

$$P\{1.4<\overline{X}<5.4\}=P\left\{\frac{1.4-3.4}{\frac{6}{\sqrt{n}}}<\frac{\overline{X}-3.4}{\frac{6}{\sqrt{n}}}<\frac{5.4-3.4}{\frac{6}{\sqrt{n}}}\right\}$$

$$=2\Phi\left(\frac{2}{6}\sqrt{n}\right)-1\geqslant 0.95,$$

所以 $\Phi\left(\frac{1}{3}\sqrt{n}\right)\geqslant 0.975$，即 $\frac{1}{3}\sqrt{n}\geqslant 1.96$，得 $n\geqslant(3\times 1.96)^2\approx 34.57$.

所以 n 至少应取 35.

例 2　设 $X_1,X_2,\cdots,X_{10}$ 为总体 $N(0,0.3^2)$ 的一个样本，求 $P\left\{\sum\limits_{i=1}^{10}X_i^2>1.44\right\}$.

解　由题意知

$$X_i\sim N(0,0.3^2),\frac{X_i}{0.3}\sim N(0,1),i=1,2,\cdots,10.$$

所以

$$Y=\sum_{i=1}^{10}\frac{X_i^2}{0.3}\sim\chi^2(10),$$

$$P\left\{\sum_{i=1}^{10}X_i^2>1.44\right\}=P\left\{\sum_{i=1}^{10}\frac{X_i^2}{0.3^2}>\frac{1.44}{0.3^2}\right\}=P\left\{\sum_{i=1}^{10}\frac{X_i^2}{0.3^2}>16\right\}$$

$$= P\{\chi^2(10) > 16\} \approx 0.1.$$

例 3 已知 $X_1, X_2, \cdots, X_9$ 是来自正态总体 X 的简单随机样本，设

$$Y_1 = \frac{1}{6}(X_1 + X_2 + \cdots + X_6), Y_2 = \frac{1}{3}(X_7 + X_8 + X_9),$$

$$S^2 = \frac{1}{2}\sum_{i=7}^{9}(X_i - Y_2), \; Z = \frac{\sqrt{2}(Y_1 - Y_2)}{S}.$$

证明：统计量 Z 服从自由度为 2 的 t 分布.

证 设 $D(X) = \sigma^2$（未知），显然 $E(Y_1) = E(Y_2)$，$D(Y_1) = \frac{\sigma^2}{6}$，$D(Y_2) = \frac{\sigma^2}{3}$.

由于 Y_1 与 Y_2 相互独立，因此

$$E(Y_1 - Y_2) = 0, D(Y_1 - Y_2) = D(Y_1) + D(Y_2) = \frac{\sigma^2}{6} + \frac{\sigma^2}{3} = \frac{\sigma^2}{2}.$$

从而

$$U = \frac{Y_1 - Y_2}{\frac{\sigma}{\sqrt{2}}} \sim N(0,1).$$

由正态总体样本方差的性质知 $\chi^2 = \frac{2S^2}{\sigma^2}$ 服从自由度为 2 的 χ^2 分布.

由于 Y_1 与 Y_2，Y_1 与 S^2，Y_2 与 S^2 均相互独立，可见 $Y_1 - Y_2$ 与 S^2 相互独立，于是由 t 分布的构造知

$$Z = \frac{\frac{Y_1 - Y_2}{\frac{\sigma}{\sqrt{2}}}}{\sqrt{\frac{\frac{2S^2}{\sigma^2}}{2}}} = \frac{\sqrt{2}(Y_1 - Y_2)}{S} = \frac{U}{\sqrt{\frac{S^2}{2}}}.$$

即 $Z \sim t(2)$.

例 4 设从总体 $X \sim N(\mu, \sigma^2)$ 中抽取容量为 20 的样本：$X_1, X_2, \cdots, X_{20}$，求：

(1) $P\left\{10.9 \leqslant \frac{1}{\sigma^2}\sum_{i=1}^{20}(X_i - \mu)^2 \leqslant 37.6\right\}$；

(2) $P\left\{11.7 \leqslant \frac{1}{\sigma^2}\sum_{i=1}^{20}(X_i - \overline{X})^2 \leqslant 38.6\right\}$.

解 (1) 因为 $X \sim N(\mu, \sigma^2)$，故

$$\frac{1}{\sigma^2}\sum_{i=1}^{20}(X_i - \mu)^2 \sim \chi^2(20).$$

从而

$$P\left\{10.9\leqslant\frac{1}{\sigma^2}\sum_{i=1}^{20}(X_i-\mu)^2\leqslant 37.6\right\}$$

$$=P\left\{\frac{1}{\sigma^2}\sum_{i=1}^{20}(X_i-\mu)^2\leqslant 37.6\right\}-P\left\{\frac{1}{\sigma^2}\sum_{i=1}^{20}(X_i-\mu)^2<10.9\right\}$$

$$=P\left\{\frac{1}{\sigma^2}\sum_{i=1}^{20}(X_i-\mu)^2\geqslant 10.9\right\}-P\left\{\frac{1}{\sigma^2}\sum_{i=1}^{20}(X_i-\mu)^2>37.6\right\}$$

$=0.95-0.01=0.94.$

(2) 因为 $X\sim N(\mu,\sigma^2)$，故

$$\frac{1}{\sigma^2}\sum_{i=1}^{20}(X_i-\overline{X})^2=\frac{(n-1)S^2}{\sigma^2}\sim\chi^2(19).$$

从而

$$P\left\{11.7\leqslant\frac{1}{\sigma^2}\sum_{i=1}^{20}(X_i-\overline{X})^2\leqslant 38.6\right\}$$

$$=P\left\{\frac{1}{\sigma^2}\sum_{i=1}^{20}(X_i-\overline{X})^2\geqslant 11.7\right\}-P\left\{\frac{1}{\sigma^2}\sum_{i=1}^{20}(X_i-\overline{X})^2>38.6\right\}$$

$=0.9-0.005=0.895.$

例5 设总体 $X\sim N(0,1)$，$X_1,X_2,\cdots,X_n$ 为简单随机样本，试问下列统计量各服从什么分布？

(1) $\dfrac{\sqrt{n-1}X_1}{\sqrt{\sum\limits_{i=2}^{n}X_i^2}}$；(2) $\dfrac{X_1-X_2}{(X_3^2+X_4^2)^{\frac{1}{2}}}$；(3) $\left(\dfrac{X_1-X_2}{X_3+X_4}\right)^2$；(4) $\dfrac{\left(\dfrac{n}{3}-1\right)\sum\limits_{i=1}^{3}X_i^2}{\sum\limits_{i=4}^{n}X_i^2}$.

解 (1) 因为

$$X_i\sim N(0,1),i=1,2,\cdots,n,$$

所以

$$X_1\sim N(0,1),\sum_{i=2}^{n}X_i^2\sim\chi^2(n-1),$$

从而

$$\frac{\sqrt{n-1}X_1}{\sqrt{\sum\limits_{i=2}^{n}X_i^2}}=\frac{X_1}{\sqrt{\sum\limits_{i=2}^{n}\dfrac{X_i^2}{n-1}}}\sim t(n-1).$$

(2) 因为 $X_1\sim N(0,1)$，$X_2\sim N(0,1)$，所以

$$X_1-X_2\sim N(0,2),\frac{X_1-X_2}{\sqrt{2}}\sim N(0,1),X_3^2+X_4^2\sim\chi^2(2),$$

从而

$$\frac{X_1-X_2}{(X_3^2+X_4^2)^{\frac{1}{2}}}=\frac{\dfrac{X_1-X_2}{\sqrt{2}}}{\sqrt{\dfrac{X_3^2+X_4^2}{2}}}\sim t(2).$$

(3) 由题意知

$$X_1-X_2\sim N(0,2),\frac{X_1-X_2}{\sqrt{2}}\sim N(0,1),\left(\frac{X_1-X_2}{\sqrt{2}}\right)^2\sim\chi^2(1),$$

$$X_3+X_4\sim N(0,2),\frac{X_3+X_4}{\sqrt{2}}\sim N(0,1),\left(\frac{X_3+X_4}{\sqrt{2}}\right)^2\sim\chi^2(1),$$

所以

$$\left(\frac{X_1-X_2}{X_3+X_4}\right)^2=\frac{(X_1-X_2)^2}{(X_3+X_4)^2}=\frac{\dfrac{(X_1-X_2)^2}{\sqrt{2}}}{\dfrac{(X_3+X_4)^2}{\sqrt{2}}}\sim F(1,1).$$

(4) 由题意知

$$\sum_{i=1}^{3}X_i^2\sim\chi^2(3),\sum_{i=4}^{n}X_i^2\sim\chi^2(n-3),$$

所以

$$\frac{\left(\dfrac{n}{3}-1\right)\sum\limits_{i=1}^{3}X_i^2}{\sum\limits_{i=4}^{n}X_i^2}=\frac{\dfrac{1}{3}\sum\limits_{i=1}^{3}X_i^2}{\dfrac{1}{n-3}\sum\limits_{i=4}^{n}X_i^2}\sim F(3,n-3).$$

五、自测练习

A 组

1. 设总体服从正态分布 $N(\mu,\sigma^2)$，其中 μ 未知，$\sigma^2>0$ 已知，又 $X_1,X_2,\cdots,X_n$ 为从该总体中抽取的容量为 n 的样本. 问下列各个量哪个是统计量，哪个不是统计量？

(1) $\dfrac{1}{n}(X_1^2+X_2^2+\cdots+X_n^2)$；

(2) $\frac{1}{\sigma^2}(X_1^2+X_2^2+\cdots+X_n^2)$;

(3) $(X_1-\mu)^2+(X_2-\mu)^2+\cdots+(X_n-\mu)^2$;

(4) $\min\limits_{1\leqslant k\leqslant n}\{X_k\}$.

2. 在总体 $N(30,4)$ 中随机抽取一个容量为 16 的样本,求样本均值不小于 29 的概率.

3. 求总体 $N(12,30)$ 的容量分别为 10 和 15 的两个独立样本的均值差的绝对值小于 5 的概率.

4. 设 $X_1,X_2,\cdots,X_{20}$ 为 $N(0,4)$ 的一个样本, 求 $P\left\{\sum\limits_{i=1}^{20}X_i^2<33.04\right\}$.

5. 在总体 $N(\mu,\sigma^2)$ 中抽取一个容量为 16 的样本,这里 μ,σ^2 均未知.

(1) 求 $P\left\{\frac{S^2}{\sigma^2}\leqslant 2.041\right\}$,其中 S^2 为样本方差;

(2) 求 $D(S^2)$.

6. 设 $X_1,X_2,\cdots,X_n$ 是来自某总体 X 的样本,$\overline{X}$ 为样本均值. 证明:对任何常数 a 有

$$\sum_{i=1}^{n}(X_i-a)^2=\sum_{i=1}^{n}(X_i-\overline{X})^2+n(\overline{X}-a)^2.$$

B 组

1. 已知 $X\sim t(n)$,求证:$X^2\sim F(1,n)$.

2. 设 $X_1,X_2,\cdots,X_n$ 为来自泊松分布 $\pi(\lambda)$ 总体的一个样本,S^2 为样本方差,求 $E(S^2)$.

3. 设 $X_1,X_2,\cdots,X_n$ 为总体 $N(\mu,\sigma^2)$ 的一个样本,这里 μ,σ^2 均未知.

(1) 求 $D(S^2)$;

(2) 当 $n=20$ 时,试以 95% 的概率推断 $\frac{S^2}{\sigma^2}$ 不大于何值.

4. 设总体 $X\sim U(a,b)$,求样本 X_1,X_2 的均值 $\frac{1}{2}(X_1+X_2)$ 的概率密度函数.

5. 已知总体 X 服从几何分布,其分布律为 $P\{X=k\}=(1-p)^{k-1}p$, $0<p<1$, p 未知. 设 $X_1,X_2,\cdots,X_n$ 为来自总体 X 的一个样本,试求:

(1) $X_{(1)}=\min\{X_1,X_2,\cdots,X_n\}$ 的分布律;

(2) $X_{(n)}=\max\{X_1,X_2,\cdots,X_n\}$ 的分布律.

6. 设总体 X 服从正态分布，$\overline{X}$ 与 S^2 分别为样本均值与样本方差，又设 $X_{n+1} \sim N(\mu,\sigma^2)$，且 X_{n+1} 与 $X_1, X_2, \cdots, X_n$ 相互独立，求统计量 $T=\frac{X_{n+1}-\overline{X}}{S} \cdot \sqrt{\frac{n}{n+1}}$ 的分布.

7. 设随机变量 X,Y 相互独立且同分布于 $N(0,3^2)$，$X_1, X_2, \cdots, X_n$ 及 $Y_1, Y_2, \cdots, Y_n$ 是分别来自 X,Y 的样本，求统计量 $K=\frac{\sum\limits_{i=1}^{n} X_i}{\sqrt{\sum\limits_{i=1}^{n} Y_i^2}}$ 的分布.

第7章 参数估计

一、目的要求

1. 熟练掌握两种点估计的方法：矩估计法和最大似然估计法.
2. 掌握估计量的评选标准.
3. 理解置信区间的概念.
4. 掌握区间估计的一般想法.
5. 熟练掌握正态总体均值与方差的区间估计.
6. 了解(0-1)分布参数的区间估计.
7. 理解单侧置信区间的概念.
8. 熟记正态总体均值与方差的双侧及单侧置信区间.

二、内容提要

统计推断的基本问题分为估计问题和假设检验问题，而估计问题又分为点估计和区间估计.

1. 点估计

点估计的思想方法：设总体 X 的分布函数为 $F(x,\theta)$，该函数形式已知，含未知参数 θ. 点估计就是要根据总体 X 的一个样本 $X_1,X_2,\cdots,X_n$ 来构造一个适当的统计量 $\hat{\theta}(X_1,X_2,\cdots,X_n)$ 作为未知参数 θ 的估计量，用其观察值 $\hat{\theta}(x_1,x_2,\cdots,x_n)$ 作为 θ 的估计值.

2. 矩估计

矩估计法的思想方法：用样本矩代替总体的矩从而解出待估参数，得到待估参数的估计量.

矩估计法的具体做法：

设 X 为连续型随机变量，其概率密度为 $f(x;\theta_1,\theta_2,\cdots,\theta_k)$ 或 X 为离散型随机变量，其分布律为 $P\{X=x\}=p(x;\theta_1,\theta_2,\cdots,\theta_k)$，其中 $\theta_1,\theta_2,\cdots,\theta_k$ 为待估参数，$X_1,X_2,\cdots,X_n$ 是来自 X 的样本，总体 X 的前 k 阶矩存在，即

$$\mu_l=E(X^l)=\int_{-\infty}^{+\infty}x^l f(x;\theta_1,\theta_2,\cdots,\theta_k)\mathrm{d}x,l=1,2,\cdots,k,$$

或

$$\mu_l=E(X^l)=\sum_{x\in R_x}x^l p(x;\theta_1,\theta_2,\cdots,\theta_k),l=1,2,\cdots,k,\ (*)$$

其中 R_x 为 x 可能的取值范围.

样本矩

$$A_l=\frac{1}{n}\sum_{i=1}^{n}X_i^l(l=1,2,\cdots,k).$$

令 $\mu_l=A_l(l=1,2,\cdots,k)$.

事实上，(*)式为一个方程组：

$$\begin{cases}\mu_1=\mu_1(\theta_1,\theta_2,\cdots,\theta_k),\\ \mu_2=\mu_2(\theta_1,\theta_2,\cdots,\theta_k),\\ \vdots\\ \mu_k=\mu_k(\theta_1,\theta_2,\cdots,\theta_k).\end{cases}$$

该方程组含 k 个未知参数 $\theta_1,\theta_2,\cdots,\theta_k$.

解该方程组得

$$\begin{cases}\theta_1=\theta_1(\mu_1,\mu_2,\cdots,\mu_k),\\ \theta_2=\theta_2(\mu_1,\mu_2,\cdots,\mu_k),\\ \vdots\\ \theta_k=\theta_k(\mu_1,\mu_2,\cdots,\mu_k).\end{cases}$$

再以 A_i 分别代替上式中的 $\mu_i(i=1,2,\cdots,k)$ 就得到

$$\begin{cases}\hat{\theta}_1=\theta_1(A_1,A_2,\cdots,A_k),\\\hat{\theta}_2=\theta_2(A_1,A_2,\cdots,A_k),\\\vdots\\\hat{\theta}_k=\theta_k(A_1,A_2,\cdots,A_k),\end{cases}$$

其中$\hat{\theta}_i$即为$\theta_i(i=1,2,\cdots,k)$的矩估计量,矩估计量的观察值称为矩估计值.

3. 最大似然估计

(1) 似然函数

① 若总体X为离散型,设其分布律为$P\{X=x\}=p(x;\theta)$,其中θ为待估参数.设$X_1,X_2,\cdots,X_n$为来自总体X的一个样本,则$P\{X_i=x_i\}=p(x_i;\theta)$.而$X_1,X_2,\cdots,X_n$的联合分布律为

$$P\{X_1=x_1,X_2=x_2,\cdots,X_n=x_n\}=\prod_{i=1}^{n}P\{X_i=x_i\}=\prod_{i=1}^{n}p\{x_i;\theta\}.$$

令似然函数$L(x_1,x_2,\cdots,x_n;\theta)=\prod\limits_{i=1}^{n}p\{x_i;\theta\}$.

② 若总体X为连续型,设其概率密度为$f(x;\theta)$,其中θ为待估参数.设$X_1,X_2,\cdots,X_n$为来自总体X的一个样本,则$X_1,X_2,\cdots,X_n$的联合概率密度为

$$f(x_1,x_2,\cdots,x_n;\theta)=\prod_{i=1}^{n}f(x_i;\theta).$$

令似然函数$L(x_1,x_2,\cdots,x_n;\theta)=\prod\limits_{i=1}^{n}f(x_i;\theta)$.

(2) 最大似然估计的思想方法

由似然函数的定义可知,似然函数事实上反映了进行一次抽样后,样本值$X_1=x_1,X_2=x_2,\cdots,X_n=x_n$发生概率的大小.而根据“小概率事件在一次抽样中的不可能发生性”这一原理,说明样本值$x_1,x_2,\cdots,x_n$的出现将使似然函数$L(x_1,x_2,\cdots,x_n;\theta)$取到比较大的值.换句话说,在似然函数$L(x_1,x_2,\cdots,x_n;\theta)$中的未知参数$\theta$也相应地应使似然函数取较大的值.于是,有理由认为,可将使似然函数$L(x_1,x_2,\cdots,x_n;\theta)$取最大值时的那个$\hat{\theta}$作为未知参数的最大似然估计值,即$\hat{\theta}(x_1,x_2,\cdots,x_n)$为使等式

$$L(x_1,x_2,\cdots,x_n;\hat{\theta})=\max_{\theta\in\Theta}L(x_1,x_2,\cdots,x_n;\theta)$$

成立的那个值.此$\hat{\theta}(x_1,x_2,\cdots,x_n)$称为$\theta$的最大似然估计值,相应的$\hat{\theta}(X_1,X_2,\cdots,$

X_n)为 θ 的最大似然估计量.

(3) 对数似然函数

求似然函数最大值点时需要对 θ 求导,为求导方便,经常取似然函数的自然对数 $\ln L(\theta)$,这是因为 $L(\theta)$ 与 $\ln L(\theta)$ 在同一 θ 处取到极值.

4. 估计的优良性标准

(1) 无偏估计

若 $\hat{\theta}$ 为 θ 的估计量,且 $E(\hat{\theta})=\theta$,则称 $\hat{\theta}$ 为 θ 的无偏估计量.

(2) 有效性

若 $\hat{\theta}_1,\hat{\theta}_2$ 都是 θ 的无偏估计量,且 $D(\hat{\theta}_1)<D(\hat{\theta}_2)$,则称 $\hat{\theta}_1$ 较 $\hat{\theta}_2$ 有效.

(3) 相合性

设 $\hat{\theta}=\hat{\theta}(X_1,X_2,\cdots,X_n)$ 是参数 θ 的估计量,若 $\forall\theta\in\Theta$,对 $\forall\varepsilon>0$,有

$$\lim_{n\to\infty}P\{|\hat{\theta}(X_1,X_2,\cdots,X_n)-\theta|<\varepsilon\}=1,$$

即 $\hat{\theta}$ 依概率收敛于 θ,则称 $\hat{\theta}=\hat{\theta}(X_1,X_2,\cdots,X_n)$ 为 θ 的相合估计量.

5. 置信区间

设总体 X 的分布函数 $F(x;\theta)$ 含未知参数 θ,给定 $0<\alpha<1$,由样本 $X_1,X_2,\cdots,X_n$ 确定的两个统计量 $\underline{\theta}(X_1,X_2,\cdots,X_n)$ 和 $\bar{\theta}(X_1,X_2,\cdots,X_n)$ 满足 $P\{\underline{\theta}<\bar{\theta}\}\geqslant1-\alpha$,则称随机区间 $(\underline{\theta},\bar{\theta})$ 为 θ 的置信水平为 $1-\alpha$ 的置信区间,$\underline{\theta}$ 和 $\bar{\theta}$ 分别称为置信水平为 $1-\alpha$ 的双侧置信区间的置信下限和置信上限.

(1) 寻求未知参数 θ 的置信区间的具体做法

① 寻求一个样本 $X_1,X_2,\cdots,X_n$ 和 θ 的函数 $W=W(X_1,X_2,\cdots,X_n;\theta)$,使得 W 包含待估参数而不含其他未知参数,并且 W 的分布已知且不依赖 θ 及任何其他未知参数. W 称为枢轴量,其构造通常从 θ 的点估计量着手考虑.

② 对于给定的置信水平 $1-\alpha$,由于 W 的分布已知,根据 W 相应分布分位点的概念,确定常数 a,b,使 $P\{a<W(X_1,X_2,\cdots,X_n;\theta)<b\}=1-\alpha$.

③ 从不等式 $a<W(X_1,X_2,\cdots,X_n;\theta)<b$ 中得到等价不等式 $\underline{\theta}<\theta<\bar{\theta}$,其中 $\underline{\theta}=\underline{\theta}(X_1,X_2,\cdots,X_n)$,$\bar{\theta}=\bar{\theta}(X_1,X_2,\cdots,X_n)$ 都是统计量. 那么,$(\underline{\theta},\bar{\theta})$ 就是 θ 的一个置信水平为 $1-\alpha$ 的置信区间.

(2) 单个正态总体均值与方差的区间估计

给定置信水平 $1-\alpha$,设总体 $X\sim N(\mu,\sigma^2)$,$X_1,X_2,\cdots,X_n$ 为总体 X 的样本,

$\overline{X}, S^2$ 分别是样本均值和样本方差.

① 已知方差 σ^2，求均值 μ 的置信区间.

1°　选取枢轴量 $Z=\dfrac{\overline{X}-\mu}{\frac{\sigma}{\sqrt{n}}}\sim N(0,1)$.

2°　根据标准正态分布双侧 α 分位点的概念，得

$$P\{-Z_{\frac{\alpha}{2}}<Z<Z_{\frac{\alpha}{2}}\}=1-\alpha.$$

3°　由不等式 $-Z_{\frac{\alpha}{2}}<Z<Z_{\frac{\alpha}{2}}$ 得等价不等式

$$\overline{X}-Z_{\frac{\alpha}{2}}\cdot\frac{\sigma}{\sqrt{n}}<\mu<\overline{X}+Z_{\frac{\alpha}{2}}\cdot\frac{\sigma}{\sqrt{n}},$$

即 μ 的置信水平为 $1-\alpha$ 的双侧置信区间为

$$\left(\overline{X}-Z_{\frac{\alpha}{2}}\cdot\frac{\sigma}{\sqrt{n}},\overline{X}+Z_{\frac{\alpha}{2}}\cdot\frac{\sigma}{\sqrt{n}}\right),$$

简写为

$$\left(\overline{X}\pm Z_{\frac{\alpha}{2}}\cdot\frac{\sigma}{\sqrt{n}}\right).$$

② 未知方差 σ^2，求均值 μ 的置信区间.

1°　选取枢轴量 $T=\dfrac{\overline{X}-\mu}{\frac{S}{\sqrt{n}}}\sim t(n-1)$.

2°　根据 t 分布双侧 α 分位点的概念得

$$P\{-t_{\frac{\alpha}{2}}(n-1)<T<t_{\frac{\alpha}{2}}(n-1)\}=1-\alpha.$$

3°　由不等式 $-t_{\frac{\alpha}{2}}(n-1)<T<t_{\frac{\alpha}{2}}(n-1)$ 得等价不等式

$$\overline{X}-\frac{S}{\sqrt{n}}\cdot t_{\frac{\alpha}{2}}(n-1)<\mu<\overline{X}+\frac{S}{\sqrt{n}}\cdot t_{\frac{\alpha}{2}}(n-1),$$

即 μ 的置信水平为 $1-\alpha$ 的双侧置信区间为

$$\left(\overline{X}-\frac{S}{\sqrt{n}}\cdot t_{\frac{\alpha}{2}}(n-1),\overline{X}+\frac{S}{\sqrt{n}}\cdot t_{\frac{\alpha}{2}}(n-1)\right),$$

简写为

$$\left(\overline{X}\pm\frac{S}{\sqrt{n}}\cdot t_{\frac{\alpha}{2}}(n-1)\right).$$

③ 求方差 σ^2 的置信区间.

1°　选取枢轴量 $\chi^2=\dfrac{(n-1)S^2}{\sigma^2}\sim\chi^2(n-1)$.

2° 根据 χ^2 分布双侧 α 分位点的概念得

$$P\{\chi^2_{1-\frac{\alpha}{2}}(n-1)<\chi^2<\chi^2_{\frac{\alpha}{2}}(n-1)\}=1-\alpha.$$

3° 由不等式 $\chi^2_{1-\frac{\alpha}{2}}(n-1)<\chi^2<\chi^2_{\frac{\alpha}{2}}(n-1)$ 得等价不等式

$$\frac{(n-1)S^2}{\chi^2_{\frac{\alpha}{2}}(n-1)}<\sigma^2<\frac{(n-1)S^2}{\chi^2_{1-\frac{\alpha}{2}}(n-1)},$$

即 σ^2 的置信水平为 $1-\alpha$ 的双侧置信区间为

$$\left(\frac{(n-1)S^2}{\chi^2_{\frac{\alpha}{2}}(n-1)},\frac{(n-1)S^2}{\chi^2_{1-\frac{\alpha}{2}}(n-1)}\right).$$

(3) 两个正态总体均值差与方差比的区间估计

设已给置信水平为 $1-\alpha$，并设 $X_1,X_2,\cdots,X_n$ 来自总体 $X\sim N(\mu_1,\sigma_1^2)$，$Y_1$，$Y_2,\cdots,Y_n$ 来自总体 $Y\sim N(\mu_2,\sigma_2^2)$，这两个样本相互独立，且设 $\overline{X},\overline{Y}$ 分别为两个样本的均值，S_1^2,S_2^2 分别为两个样本的方差.

① 方差 σ_1^2,σ_2^2 均已知，求 $\mu_1-\mu_2$ 的置信区间.

1° 选取枢轴量 $Z=\dfrac{(\overline{X}-\overline{Y})-(\mu_1-\mu_2)}{\sqrt{\dfrac{\sigma_1^2}{n_1}+\dfrac{\sigma_2^2}{n_2}}}\sim N(0,1)$.

2° 根据标准正态分布双侧 α 分位点的概念得

$$P\{-Z_{\frac{\alpha}{2}}<Z<Z_{\frac{\alpha}{2}}\}=1-\alpha.$$

3° 由不等式 $-Z_{\frac{\alpha}{2}}<Z<Z_{\frac{\alpha}{2}}$ 得等价不等式

$$(\overline{X}-\overline{Y})-Z_{\frac{\alpha}{2}}\cdot\sqrt{\frac{\sigma_1^2}{n_1}+\frac{\sigma_2^2}{n_2}}<\mu_1-\mu_2<(\overline{X}-\overline{Y})+Z_{\frac{\alpha}{2}}\cdot\sqrt{\frac{\sigma_1^2}{n_1}+\frac{\sigma_2^2}{n_2}},$$

即 $\mu_1-\mu_2$ 的置信水平为 $1-\alpha$ 的双侧置信区间为

$$\left(\overline{X}-\overline{Y}-Z_{\frac{\alpha}{2}}\cdot\sqrt{\frac{\sigma_1^2}{n_1}+\frac{\sigma_2^2}{n_2}},\overline{X}-\overline{Y}+Z_{\frac{\alpha}{2}}\cdot\sqrt{\frac{\sigma_1^2}{n_1}+\frac{\sigma_2^2}{n_2}}\right),$$

简写为

$$\left(\overline{X}-\overline{Y}\pm Z_{\frac{\alpha}{2}}\cdot\sqrt{\frac{\sigma_1^2}{n_1}+\frac{\sigma_2^2}{n_2}}\right).$$

② $\sigma_1^2=\sigma_2^2=\sigma^2$，$\sigma^2$ 未知，求 $\mu_1-\mu_2$ 的置信区间.

1° 选取枢轴量 $T=\dfrac{(\overline{X}-\overline{Y})-(\mu_1-\mu_2)}{S_w\cdot\sqrt{\dfrac{1}{n_1}+\dfrac{1}{n_2}}}\sim t(n_1+n_2-2)$.

2° 根据 t 分布双侧 α 分位点的概念得

$$P\{-t_{\frac{\alpha}{2}}(n_1+n_2-2)<T<t_{\frac{\alpha}{2}}(n_1+n_2-2)\}=1-\alpha.$$

3°　由不等式$-t_{\frac{\alpha}{2}}(n_1+n_2-2)<T<t_{\frac{\alpha}{2}}(n_1+n_2-2)$得等价不等式

$$\overline{X}-\overline{Y}-t_{\frac{\alpha}{2}}(n_1+n_2-2)\cdot S_w\cdot\sqrt{\frac{1}{n_1}+\frac{1}{n_1}}<\mu_1-\mu_2<\overline{X}-\overline{Y}+t_{\frac{\alpha}{2}}(n_1+n_2-2)\cdot S_w\cdot\sqrt{\frac{1}{n_1}+\frac{1}{n_2}},$$

即$\mu_1-\mu_2$的置信水平为$1-\alpha$的双侧置信区间为

$$\left(\overline{X}-\overline{Y}-t_{\frac{\alpha}{2}}(n_1+n_2-2)\cdot S_w\cdot\sqrt{\frac{1}{n_1}+\frac{1}{n_2}},\overline{X}-\overline{Y}+t_{\frac{\alpha}{2}}(n_1+n_2-2)\cdot S_w\cdot\sqrt{\frac{1}{n_1}+\frac{1}{n_2}}\right),$$

简写为

$$\left(\overline{X}-\overline{Y}\pm t_{\frac{\alpha}{2}}(n_1+n_2-2)\cdot S_w\cdot\sqrt{\frac{1}{n_1}+\frac{1}{n_2}}\right),$$

其中

$$S_w^2=\frac{(n_1-1)S_1^2+(n_2-1)S_2^2}{n_1+n_2-2},S_w=\sqrt{S_w^2}.$$

③ 求两个总体方差比$\frac{\sigma_1^2}{\sigma_2^2}$的置信区间.

1°　选取枢轴量$F=\dfrac{\frac{S_1^2}{\sigma_1^2}}{\frac{S_2^2}{\sigma_2^2}}\sim F(n_1-1,n_2-1)$.

2°　根据F分布双侧α分位点的概念得

$$P\{F_{1-\frac{\alpha}{2}}(n_1-1,n_2-1)<F<F_{\frac{\alpha}{2}}(n_1-1,n_2-1)\}=1-\alpha.$$

3°　由不等式$F_{1-\frac{\alpha}{2}}(n_1-1,n_2-1)<F<F_{\frac{\alpha}{2}}(n_1-1,n_2-1)$得等价不等式

$$\frac{S_1^2}{S_2^2}\cdot\frac{1}{F_{\frac{\alpha}{2}}(n_1-1,n_2-1)}<\frac{\sigma_1^2}{\sigma_2^2}<\frac{S_1^2}{S_2^2}\cdot\frac{1}{F_{1-\frac{\alpha}{2}}(n_1-1,n_2-1)},$$

即$\frac{\sigma_1^2}{\sigma_2^2}$的置信水平为$1-\alpha$的双侧置信区间为

$$\left(\frac{S_1^2}{S_2^2}\cdot\frac{1}{F_{\frac{\alpha}{2}}(n_1-1,n_2-1)},\frac{S_1^2}{S_2^2}\cdot\frac{1}{F_{1-\frac{\alpha}{2}}(n_1-1,n_2-1)}\right).$$

(4) (0-1)分布参数的区间估计

设有一容量$n>50$的大样本来自(0-1)分布总体X,X的分布律为$f(x;p)=p^x(1-p)^{1-x}$,$x=0,1$,则p的置信水平为$1-\alpha$的双侧置信区间为

$$\left(\frac{1}{2a}(-b-\sqrt{-b^2-4ac}),\frac{1}{2a}(-b+\sqrt{-b^2-4ac})\right),$$

其中$a=n+Z_{\frac{\alpha}{2}}^2$,$b=-(2n\overline{X}+Z_{\frac{\alpha}{2}}^2)$,$c=n\overline{X}^2$.

(5) 单侧置信区间

对于给定的$0<\alpha<1$,由样本$X_1,X_2,\cdots,X_n$确定的统计量$\underline{\theta}=\underline{\theta}(X_1,X_2,\cdots,$

X_n)满足 $P\{\theta>\underline{\theta}\}=1-\alpha$ 或 $P\{\theta<\overline{\theta}\}=1-\alpha$,则称随机区间($\underline{\theta}$,$+\infty$)或($-\infty$,$\overline{\theta}$)是$\theta$的置信水平为$1-\alpha$的单侧置信区间.$\underline{\theta}$为$\theta$的置信水平为$1-\alpha$的单侧置信下限,$\overline{\theta}$为$\theta$的置信水平为$1-\alpha$的单侧置信上限.单侧置信上(下)限可由双侧置信区间的上(下)限中的$\frac{\alpha}{2}$换为α而得到.

三、复习提问

1. 矩估计的理论依据是什么?

答:矩估计的理论依据是大数定律.根据辛钦大数定律,对满足条件的样本矩A_k及总体矩μ_k,有$A_k \xrightarrow{P} \mu_k$,再由依概率收敛的性质知$g(A_1,A_2,\cdots,A_k) \xrightarrow{P} g(\mu_1,\mu_2,\cdots,\mu_k)$.由此,在矩估计中,用样本矩代替总体矩、用样本矩的函数估计总体矩的函数是可行的.

2. 用矩估计法获得未知参数的矩估计量是否唯一?

答:未知参数的矩估计量一般是不唯一的.

由于$A_k \xrightarrow{P} \mu_k(k=1,2,\cdots)$,故可用样本原点矩代替同阶的总体原点矩.另外,由于$g(A_1,A_2,\cdots,A_n) \xrightarrow{P} g(\mu_1,\mu_2,\cdots,\mu_n)$,所以也可用样本原点矩和样本中心矩的函数代替同阶的总体原点矩和同阶的总体中心矩的函数.

例如,$X\sim\pi(\lambda)$,$E(X)=\lambda$,故令$\overline{X}=\lambda=A_1$,$\hat{\lambda}=\overline{X}$为$\lambda$的矩估计量.而事实上,$D(X)=\lambda$,$B_2 \xrightarrow{P} D(X)$,故可令$B_2=\lambda$,即$\hat{\lambda}=B_2$也是$\lambda$的矩估计量.

3. 最大似然估计中,似然函数不可导或令似然函数的导数为0但解不出待估参数该怎么办?

答:在具体问题中,常遇到似然函数及对数似然函数不可导的情况,也有令似然函数导数为零却无法解出参数的情况,此时就必须根据最大似然估计的思想方法和对似然函数的分析去取得最大似然估计量.

4. 最大似然估计是否唯一?

答:不唯一.某参数θ的最大似然估计为使得样本似然函数达到最大时参数的取值,即似然函数的最大值点.由微积分知识知,一个函数的极大值点一般并不唯一,从而参数的最大似然估计一般也不是唯一的.

例如,设$X\sim U\left(\theta-\frac{1}{2},\theta+\frac{1}{2}\right)$,则$\hat{\theta}_1=X_{(n)}-\frac{1}{2}$,$\hat{\theta}_2=X_{(n)}+\frac{1}{2}$,$\hat{\theta}_3=\frac{1}{2}(X_{(1)}+$

$X_{(n)}$等皆为θ的最大似然估计.

5. 似然函数与联合分布函数有何区别?

答:从形式上看,联合分布函数与似然函数没有区别,但是从变量之间的关系上看,两者却有实质上的不同.前者是固定参数θ,看成是$x_1,x_2,\cdots,x_n$的函数,而后者是固定$x_1,x_2,\cdots,x_n$,视为θ的函数,这是因为$x_i(i=1,2,\cdots,n)$是已经出现的一组样本观察值.

6. 如何理解评价估计量优良性的三个常用标准?

答:对同一参数用不同的点估计方法求得的估计量可能不尽相同,因而其优良性也会相应地有差别.评价估计量的常用标准有三个:无偏性、有效性及相合性(一致性).由于估计量是样本的函数,亦是一个随机变量,那么,对于不同的样本观察值就会得到不同的参数估计值,因而其优劣性不能仅由一次试验的结果来衡量.人们当然首先希望多次估计值的理论平均值等于未知参数θ的真值,即$E(\hat{\theta})=\theta$,因而提出了无偏估计这一标准.

无偏性的实际意义是指没有系统性偏差.由于一个参数的无偏估计量往往不止一个,人们自然认为其中与真值的平均偏差较小者为好,因而引入有效性这一评判准则,即若$\hat{\theta}_1$与$\hat{\theta}_2$皆为θ的无偏估计量,且有$D(\hat{\theta}_1)<D(\hat{\theta}_2)$,则称$\hat{\theta}_1$比$\hat{\theta}_2$有效.作为常规估计量$\hat{\theta}$的无偏性和有效性,均是在样本容量越大时,估计量$\hat{\theta}$越接近被估计的参数,这就启发人们引入相合性这一标准,即对任意$\varepsilon>0$,有$\lim\limits_{n\to\infty}P\{|\hat{\theta}-\theta|<\varepsilon\}=1$,称$\hat{\theta}$为$\theta$的相合估计量.相合性是对一个估计量最基本的要求,如果一个估计量没有相合性,不论样本多大,我们也不可能把未知参数估计到预定的精度,这种估计量显然是不可取的.

7. 如何理解未知参数的点估计和区间估计?

答:参数的点估计就是利用样本$X_1,X_2,\cdots,X_n$的信息构造一个统计量$\hat{\theta}=\hat{\theta}(X_1,X_2,\cdots,X_n)$作为$\theta$的估计量,从而,依样本观测值得到一个对应数值$\hat{\theta}=\hat{\theta}(x_1,x_2,\cdots,x_n)$作为未知参数$\theta$的一个近似值.由于近似值与真值总存在一定偏差,其偏差范围点估计本身并没有告诉我们,因而无法知晓这种推断的精确性与可靠程度.为弥补点估计这一不足之处,人们在用$\hat{\theta}$去估计参数θ时,按一定的置信水平$(1-\alpha)$要求构造某个随机区间$(\underline{\theta},\overline{\theta})$,使该随机区间包含$\theta$的概率达到$1-\alpha$,即$P\{\underline{\theta}<\theta<\overline{\theta}\}=1-\alpha$,其中$\underline{\theta},\overline{\theta}$均为$\hat{\theta}$的函数.依频率含义可认为,被估计的参数虽然未知,

但它是一个常数，没有随机性，而区间$(\underline{\theta},\overline{\theta})$是随机的，因而关系式$P\{\underline{\theta}<\theta<\overline{\theta}\}=1-\alpha$可解释为随机区间$(\underline{\theta},\overline{\theta})$以概率$1-\alpha$包含参数$\theta$的真值. 但当用一组样本观测值代入上述区间时，便得到一个相应的确定区间，该区间不再具有随机性，它要么包含θ，要么不包含θ，二者必居其一. 此时就不能说区间以概率$1-\alpha$包含θ的真值，更不能说θ落在该区间内的概率为$1-\alpha$.

8. 如何评价未知参数θ的区间估计量$(\underline{\theta},\overline{\theta})$的优劣？

答：评估一个区间估计的优劣有两个要素：一个是精度，二是其可靠程度. 其精度可用区间长度$\overline{\theta}-\underline{\theta}$来刻画，长度越大，精度越低. 而其可靠程度可用概率$P\{\underline{\theta}<\theta<\overline{\theta}\}$来衡量，概率越大，可靠程度越高. 一般来说，在样本容量n一定的情形下，精度与可靠程度是此消彼长的. 人们现在遵循奈曼原则处理上述问题，即先照顾可靠程度，要求区间估计$(\underline{\theta},\overline{\theta})$不低于某个数$1-\alpha$，即$P\{\underline{\theta}<\theta<\overline{\theta}\}\geqslant 1-\alpha$. 在此前提下，使$(\underline{\theta},\overline{\theta})$的精度尽可能地高.

四、例题分析

例 1 随机地取 8 只活塞环，测得它们的直径(单位：mm)分别为 74.001，74.005，74.003，74.001，74.000，73.998，74.006，74.002，试求总体均值μ及方差σ^2的矩估计值，并求样本方差S^2.

解 不论总体X服从何分布，只要X的期望和方差存在，则总体均值$E(X)=\mu$和方差$D(X)=\sigma^2$的估计值分别为样本均值和样本二阶中心矩，即$\hat{\mu}=\overline{X}$，$\hat{\sigma}^2=B_2=\frac{1}{n}\sum\limits_{i=1}^{n}(X_i-\overline{X})^2$.

根据已知数据计算得

$$\overline{X}=\frac{1}{8}\sum_{i=1}^{8}x_i=74.002,$$

$$B_2=\frac{1}{8}\sum_{i=1}^{8}(x_i-\overline{x})^2=6\times 10^{-6},$$

$$S^2=\frac{1}{8-1}\sum_{i=1}^{8}(x_i-\overline{x})^2=6.86\times 10^{-6}.$$

例 2 已知总体X的概率密度函数为

$$f(x;\theta)=\begin{cases}\theta x^{\theta-1}, & 0<x<1,\\ 0, & 其他,\end{cases}$$

其中 $\theta>0$ 未知，求 θ 的矩估计量.

解　$\mu=E(X)=\int_0^1 x\cdot\theta x^{\theta-1}\mathrm{d}x=\dfrac{\theta}{\theta+1}$.

令 $\overline{X}=E(X)$，得 $\mu=\overline{X}$，即 $\dfrac{\theta}{\theta+1}=\overline{X}$，解得 $\hat{\theta}=\dfrac{\overline{X}}{1-\overline{X}}$.

例 3　设总体 $X\sim\pi(\lambda)$，分别用矩估计法和最大似然估计法求参数 λ 的估计量.

解　(1) 矩估计：

因为 $X\sim\pi(\lambda)$，故 $E(X)=\lambda$，令 $\overline{X}=E(X)$，即得 $\hat{\lambda}=\overline{X}$.

(2) 最大似然估计：

似然函数为

$$L(\lambda)=\prod_{i=1}^{n}\frac{\lambda^{x_i}}{x_i\,!}\mathrm{e}^{-\lambda}=\mathrm{e}^{-n\lambda}\prod_{i=1}^{n}\frac{\lambda^{x_i}}{x_i\,!},$$

$$\ln L(\lambda)=-n\lambda+\sum_{i=1}^{n}(\ln\lambda^{x_i}-\ln x_i\,!),$$

令

$$\frac{\mathrm{d}\ln L(\lambda)}{\mathrm{d}\lambda}=-n+\frac{1}{\lambda}\sum_{i=1}^{n}x_i=0,$$

得

$$\hat{\lambda}=\frac{1}{n}\sum_{i=1}^{n}x_i=\overline{X}.$$

例 4　设总体 X 的概率密度为

$$f(x)=\begin{cases}3\mathrm{e}^{-3(x-\theta)}, & x>\theta,\\ 0, & x\leqslant\theta,\end{cases}$$

其中 θ 为未知参数，试求 θ 的最大似然估计量.

解　似然函数为

$$L(x_1,x_2,\cdots,x_n;\theta)=\prod_{i=1}^{n}f(x_i;\theta)=\begin{cases}3^n\mathrm{e}^{-3\left(\sum\limits_{i=1}^{n}x_i-n\theta\right)}, & \min\limits_{1\leqslant i\leqslant n}\{x_i\}>\theta,\\ 0, & \text{其他}.\end{cases}$$

当 $\min\limits_{1\leqslant i\leqslant n}\{x_i\}>0$ 时，$\ln L(\theta)=n\ln 3-3\sum\limits_{i=1}^{n}x_i+3n\theta$，故 $\dfrac{\mathrm{d}\ln L(\theta)}{\mathrm{d}\theta}=3n>0$，可见，$\ln L(\theta)$ 关于 θ 单调递增，从而欲使 $L(\theta)$ 最大，则应在 $\min\limits_{1\leqslant i\leqslant n}\{x_i\}>0$ 的限制下，使 θ 取最大值. 所以 θ 的最大似然估计量为 $\hat{\theta}=\min\limits_{1\leqslant i\leqslant n}\{X_i\}$.

例 5 对于均值μ、方差σ^2都存在的总体，若μ,σ^2均未知，证明：σ^2的矩估计量$\hat{\sigma}^2=B_2=\frac{1}{n}\sum_{i=1}^{n}(X_i-\overline{X})^2$不是$\sigma^2$的无偏估计，而$S^2=\frac{1}{n-1}\sum_{i=1}^{n}(X_i-\overline{X})^2$为$\sigma^2$的无偏估计.

证 $\hat{\sigma}^2=B_2=\frac{1}{n}\sum_{i=1}^{n}(X_i-\overline{X})^2=\frac{1}{n}\sum_{i=1}^{n}X_i^2-\overline{X}^2=A_2-\overline{X}^2$，

$E(A_2)=\frac{1}{n}\sum_{i=1}^{n}E(X_i^2)=\frac{1}{n}\cdot n(\mu^2+\sigma^2)=\mu^2+\sigma^2$，

$E(\overline{X}^2)=D(\overline{X})+E^2(\overline{X})=\frac{\sigma^2}{n}+\mu^2$，

故

$$E(\hat{\sigma}^2)=\mu^2+\sigma^2-\frac{\sigma^2}{n}-\mu^2=\frac{n-1}{n}\sigma^2\neq\sigma^2,$$

所以$\hat{\sigma}^2=B_2$不是σ^2的无偏估计.

事实上，

$$E\left(\frac{n}{n-1}\hat{\sigma}^2\right)=\frac{n}{n-1}E(\hat{\sigma}^2)=\sigma^2,$$

而

$$\frac{n}{n-1}\hat{\sigma}^2=\frac{n}{n-1}\cdot\frac{1}{n}\sum_{i=1}^{n}(X_i-\overline{X})^2=\frac{1}{n-1}\sum_{i=1}^{n}(X_i-\overline{X})^2=S^2,$$

即$E(S^2)=\sigma^2$. 故$S^2=\frac{1}{n-1}\sum_{i=1}^{n}(X_i-\overline{X})^2$为$\sigma^2$的无偏估计.

例 6 试比较总体均值的两个无偏估计$\overline{X}=\frac{1}{n}\sum_{i=1}^{n}X_i$，$X'=\frac{\sum_{i=1}^{n}a_iX_i}{\sum_{i=1}^{n}a_i}$ $(\sum_{i=1}^{n}a_i\neq 0)$的有效性. $(E(X)=\mu,D(X)=\sigma^2)$

解 $E(\overline{X})=\mu$，$D(\overline{X})=\frac{\sigma^2}{n}$，$E(X')=\frac{\sum_{i=1}^{n}a_iE(X_i)}{\sum_{i=1}^{n}a_i}=E(X)=\mu$，

$$D(X')=\frac{1}{\left(\sum_{i=1}^{n}a_i\right)^2}\cdot\sum_{i=1}^{n}a_i^2D(X_i)=\frac{\sum_{i=1}^{n}a_i^2}{\left(\sum_{i=1}^{n}a_i\right)^2}\cdot\sigma^2.$$

利用不等式 $a_i^2+a_j^2\geqslant 2a_ia_j$，有

$$\left(\sum_{i=1}^{n}a_i\right)^2=\sum_{i=1}^{n}a_i^2+\sum_{i<j}2a_ia_j\leqslant\sum_{i=1}^{n}a_i^2+\sum_{i<j}(a_i^2+a_j^2)=n\sum_{i=1}^{n}a_i^2,$$

故

$$D(X')=\frac{\sum_{i=1}^{n}a_i^2}{\left(\sum_{i=1}^{n}a_i\right)^2}\cdot\sigma^2\geqslant\frac{\sum_{i=1}^{n}a_i^2}{n\sum_{i=1}^{n}a_i^2}\cdot\sigma^2=\frac{\sigma^2}{n}=D(\overline{X}).$$

从而 $\overline{X}$ 比 X' 有效.

注　本例的一个特例是，当 $\sum_{i=1}^{n}a_i=1$ 时，本例结果说明算术平均值 $\overline{X}=\frac{1}{n}\sum_{i=1}^{n}X_i$ 是在所有加权平均值 $X'=\sum_{i=1}^{n}a_iX_i\left(\sum_{i=1}^{n}a_i=1\right)$ 中方差最小的.

例 7　来自总体 $X\sim N(\mu,\sigma^2)$ 的样本方差 S^2（样本容量为 n）是否为 σ^2 的相合估计量？

解　因为 S^2 是来自 $X\sim N(\mu,\sigma^2)$ 的样本方差，故 $E(S^2)=\sigma^2$，因而 $\lim\limits_{n\to\infty}E(S^2)=\sigma^2$，且有

$$\frac{(n-1)S^2}{\sigma^2}\sim\chi^2(n-1),$$

故

$$D\left(\frac{(n-1)S^2}{\sigma^2}\right)=\frac{(n-1)^2D(S^2)}{\sigma^4}=2(n-1).$$

所以 $D(S^2)=\frac{2\sigma^4}{n-1}$，因而 $\lim\limits_{n\to\infty}D(S^2)=0$.

由定义知 S^2 是 σ^2 的相合估计量.

例 8　从一台机床加工的轴承中随机抽取 200 件，测量其椭圆度，得样本均值的观察值 $\overline{x}=0.081$mm，并由累积资料知椭圆度服从 $N(\mu,0.025^2)$，试求 μ 的置信水平为 95%的置信区间.

解　已知 $\sigma^2=0.025^2$，求 μ 的置信水平为 95%的置信区间.

选枢轴量 $Z=\dfrac{\overline{X}-\mu}{\frac{\sigma}{\sqrt{n}}}\sim N(0,1)$.

μ 的置信水平为 $1-\alpha$ 的置信区间为 $\left(\overline{X}\pm\frac{\sigma}{\sqrt{n}}\cdot Z_{\frac{\alpha}{2}}\right)$.

因为 $1-\alpha=0.95$，故 $\alpha=0.05$，$n=200$，$\sigma=0.025$，$\overline{x}=0.081$，查表知 $Z_{\frac{\alpha}{2}}=Z_{0.025}=1.96$，代入数据解得 μ 的一个置信水平为95%的置信区间为(0.0775,0.0845).

例9 根据往年的经验知，某种飞机的最大飞行速度 $X\sim N(\mu,\sigma^2)$，但 μ,σ^2 均未知，现对这种飞机的飞行速度进行15次独立试验，测得飞机的最大飞行速度(单位：km/h)如下：

422.2 418.7 425.6 420.3 425.8 423.1 431.5 428.2

438.3 434.0 412.3 417.2 413.5 441.3 423.7

试求总体均值 μ 的置信水平为95%的置信区间.

解 未知 σ^2，求 μ 的置信水平为95%的置信区间.

选取枢轴量 $t=\dfrac{\overline{X}-\mu}{\frac{S}{\sqrt{n}}}\sim t(n-1)$.

μ 的置信水平为 $1-\alpha$ 的置信区间为 $\left(\overline{X}\pm\dfrac{S}{\sqrt{n}}\cdot t_{\frac{\alpha}{2}}(n-1)\right)$.

已知 $n=15,\overline{x}=\dfrac{1}{15}\sum\limits_{i=1}^{15}x_i=425.0467,s^2=\dfrac{1}{15-1}\sum\limits_{i=1}^{15}(x_i-\overline{x})^2=71.8812$，

因为 $1-\alpha=0.95$，故 $\alpha=0.05$，查表得 $t_{\frac{\alpha}{2}}(n-1)=t_{0.025}(14)=2.1448$.

从而可解得 μ 的一个置信水平为95%的置信区间为(425.0467±4.6952)，即(420.3515,429.7149).

例10 某地年降雨量服从正态分布，现从10年的观测数据得到样本均方差为8.26，试求总体方差 σ^2 的置信水平为95%的单侧置信上限.

解 估计总体方差 σ^2 的置信水平为95%的单侧置信区间.

选取枢轴量 $\chi^2=\dfrac{(n-1)S^2}{\sigma^2}\sim\chi^2(n-1)$，则

$$P\left\{\frac{(n-1)S^2}{\sigma^2}\geqslant\chi^2_{1-\alpha}(n-1)\right\}=1-\alpha,$$

解得

$$P\left\{\sigma^2\leqslant\frac{(n-1)S^2}{\chi^2_{1-\alpha}(n-1)}\right\}=1-\alpha.$$

即 σ^2 的置信水平为 $1-\alpha$ 的单侧置信上限为 $\dfrac{(n-1)S^2}{\chi^2_{1-\alpha}(n-1)}$.

因为 $s^2=8.26^2$，$n=10$，$1-\alpha=0.95$，$\chi^2_{1-\alpha}(n-1)=\chi^2_{0.95}(9)=3.325$.

故 σ^2 的一个置信水平为95%的单侧置信上限为184.676.

例 11　设来自总体 $N(\mu_1,16)$的一个容量为 15 的样本,其样本均值 $\overline{x}=14.6$;来自总体 $N(\mu_2,9)$的一个容量为 20 的样本,其样本均值 $\overline{y}=13.2$.并且两样本相互独立,试求 $\mu_1-\mu_2$ 的置信水平为 90%的置信区间.

解　已知 $\sigma_1^2=16,\sigma_2^2=9$,求 $\mu_1-\mu_2$ 的置信水平为 90%的置信区间.

选取枢轴量 $Z=\dfrac{(\overline{X}-\overline{Y})-(\mu_1-\mu_2)}{\sqrt{\dfrac{\sigma_1^2}{n_1}+\dfrac{\sigma_2^2}{n_2}}}\sim N(0,1)$.

$\mu_1-\mu_2$ 的置信水平为 $1-\alpha$ 的置信区间为$\left(\overline{X}-\overline{Y}\pm Z_{\frac{\alpha}{2}}\sqrt{\dfrac{\sigma_1^2}{n_1}+\dfrac{\sigma_2^2}{n_2}}\right)$.

因为 $\overline{x}-\overline{y}=14.6-13.2=1.4,n_1=15,n_2=20,\sigma_1^2=16,\sigma_2^2=9,1-\alpha=0.9,Z_{\frac{\alpha}{2}}=Z_{0.05}=1.645$,所以可得 $\mu_1-\mu_2$ 的一个置信水平为 90%的置信区间为$(-0.63,3.42)$.

例 12　从两个正态总体 X 与 Y 分别独立地抽取容量为 25 及 15 的两个样本,得 $s_1^2=6.38,s_2^2=5.15$,试求两总体方差之比$\dfrac{\sigma_1^2}{\sigma_2^2}$的置信水平为 90%的置信区间.

解　求$\dfrac{\sigma_1^2}{\sigma_2^2}$的置信水平为 90%的置信区间.

选取枢轴量 $F=\dfrac{\dfrac{S_1^2}{\sigma_1^2}}{\dfrac{S_2^2}{\sigma_2^2}}\sim F(n_1-1,n_2-1)$.

$\dfrac{\sigma_1^2}{\sigma_2^2}$的置信水平为 $1-\alpha$ 的置信区间为

$$\left(\frac{S_1^2}{S_2^2}\cdot\frac{1}{F_{\frac{\alpha}{2}}(n_1-1,n_2-1)},\frac{S_1^2}{S_2^2}\cdot\frac{1}{F_{1-\frac{\alpha}{2}}(n_1-1,n_2-1)}\right).$$

因为

$$n_1=25,n_2=15,1-\alpha=0.9,\alpha=0.1,$$
$$F_{\frac{\alpha}{2}}(n_1-1,n_2-1)=F_{0.05}(24,14)=2.35,$$

$$F_{1-\frac{\alpha}{2}}(n_1-1,n_2-1)=F_{0.95}(24,14)=\frac{1}{F_{\frac{\alpha}{2}}(n_2-1,n_1-1)}=\frac{1}{F_{0.05}(14,24)}$$
$$=\frac{1}{2.13}.$$

故$\dfrac{\sigma_1^2}{\sigma_2^2}$的一个置信水平为 90%的置信区间为$(0.527,2.639)$.

五、自测练习

A 组

1. 设 $X\sim U(\theta_1,\theta_2)$，$X_1,X_2,\cdots,X_n$ 是来自 X 的样本，试求参数 θ_1,θ_2 的矩估计.

2. 对某一距离进行独立测量，设测量值 $X\sim N(\mu,\sigma^2)$，今测量了五次，得数据(单位：m)如下：2781，2836，2807，2763，2858，求 μ 和 σ^2 的矩估计量.

3. 设总体 $X\sim b(n,p)$，试求 p 的最大似然估计量.

4. 设总体 X 的概率密度为

$$f(x;\lambda)=\begin{cases}\lambda(x-10)\mathrm{e}^{-\frac{\lambda}{2}(x-10)^2}, & x>10,\\ 0, & x\leqslant 10,\end{cases}$$

其中 $\lambda>0$ 为未知参数. X_1,X_2,X_3,X_4 为 $n=4$ 的简单随机样本，27，25，35，29 为一组样本值，求 λ 的最大似然估计量及最大似然估计值.

5. 设灯泡的使用寿命 $X\sim N(\mu,\sigma^2)$，为了估计 μ,σ^2，测试 10 个灯泡的使用寿命，得 $\overline{x}=1500\text{h}$，$s=20\text{h}$，试求 μ,σ^2 的置信水平为 95%的置信区间.

6. 用某种仪器间接测量温度，重复测量 7 次，测得温度分别为 120.0，113.4，111.2，114.5，112.0，112.9，113.6(单位：℃). 设温度 $X\sim N(\mu,\sigma^2)$，在置信水平为 95%的条件下，试求出 μ,σ^2 真值所在的范围.

7. 设鱼被污染后，鱼的组织中含汞量 $X\sim N(\mu,\sigma^2)$，从一批鱼中随机地抽出 6 条进行检验，测得鱼组织的含汞量为 2.06，1.93，2.12，2.16，1.98，1.95($\times 10^{-6}$mg).

(1) 求这一批鱼的组织中平均含汞量的点估计值；

(2) 据历史资料知 $\sigma=0.10$，试以 95%的置信水平求这一批鱼的组织中平均含汞量的置信区间；

(3) 设 σ 未知，试以 95%的置信水平求这一批鱼的组织中平均含汞量的置信区间.

8. 随机地从甲批导线中抽取 4 根，从乙批导线中抽取 5 根，测得电阻值(单位：Ω)如下：

甲批导线：0.143，0.142，0.143，0.137；

乙批导线：0.140，0.142，0.136，0.138，0.140.

设甲、乙两批导线的电阻分别服从 $N(\mu_1,\sigma^2)$，$N(\mu_2,\sigma^2)$，且相互独立.

已知 $\sigma^2=0.0025^2$，试求 $\mu_1-\mu_2$ 的置信水平为95%的置信区间.

9. 用两种方法分别对同一种化合物中的某种元素的含量各做10次独立的测定，测得样本方差分别为 $s_1^2=0.5419$，$s_2^2=0.6065$. 若可以认为两种方法所测量的数据服从正态分布，试对两种测定方法的方差比 $\frac{\sigma_1^2}{\sigma_2^2}$ 求置信水平为95%的置信区间.

B组

1. 设总体 X 的分布律为 $P\{X=m\}=\frac{-1}{\ln(1-\theta)}\cdot\frac{\theta^m}{m}(m=1,2,\cdots,0<\theta<1)$，$X_1,X_2,\cdots,X_n$ 是取自总体 X 的一个简单随机样本，求参数 θ 的矩估计量.

2. 设总体 X 的概率密度为

$$f(x)=\begin{cases}(\theta+1)x^\theta, & 0<x<1,\\ 0, & \text{其他},\end{cases}$$

其中 $\theta>-1$ 是未知参数. $X_1,X_2,\cdots,X_n$ 是来自总体 X 的一个容量为 n 的简单随机样本，分别用矩估计法和最大似然估计法求 θ 的估计量.

3. 设某种元素的使用寿命 X 的概率密度为

$$f(x;\theta)=\begin{cases}2\mathrm{e}^{-2(x-\theta)}, & x>\theta,\\ 0, & x\leqslant\theta,\end{cases}$$

其中 $\theta>0$ 为未知参数. 又设 $x_1,x_2,\cdots,x_n$ 是 X 的一组样本观测值，求参数 θ 的最大似然估计.

4. 假设0.50，1.25，0.80，2.00是来自总体 X 的简单随机样本值，已知 $Y=\ln X$ 服从正态分布 $N(\mu,1)$.

(1) 求 X 的数学期望 $E(X)$，记 $E(X)=b$；

(2) 求 μ 的置信水平为0.95的置信区间；

(3) 利用上述结果求 b 的置信水平为95%的置信区间.

5. 设湖中有 N 条鱼，现钓出 r 条，做上记号后放回湖中，一段时间后，再钓出 s 条(设 $s\geqslant r$)，其中有 t 条($0\leqslant t\leqslant r$)标有记号，试根据上述信息，估计湖中鱼的条数 N 的值.

6. 已知总体 $X\sim N(2,\sigma^2)$，从 X 中抽得简单样本 $X_1,X_2,\cdots,X_n$，试推导 σ^2 的置信水平为 $1-\alpha$ 的置信区间. 若样本值为1.8，2.1，2.0，1.9，2.2，1.8，求出 σ^2 的置信水平为95%的置信区间.

7. 为了研究施肥和不施肥对某种农作物产量的影响，独立选了 13 个小区在其他条件相同的情况下进行对比试验，得收获量如下：

施肥：34　35　30　32　33　34

不施肥：29　27　32　31　28　32　31

设小区的农作物产量均服从正态分布且方差相等，求施肥与未施肥平均产量之差的置信水平为 0.95 的置信区间.

8. 设总体 X 服从指数分布，其概率密度为

$$f(x)=\begin{cases}\dfrac{1}{\theta}\mathrm{e}^{-\frac{x}{\theta}}, & x>0,\\ 0, & x\leqslant 0,\end{cases}$$

其中 $\theta>0$ 未知. 从总体中抽取一个容量为 n 的样本 $X_1, X_2, \cdots, X_n$.

(1) 证明：$\dfrac{2n\overline{X}}{\theta}\sim\chi^2(2n)$；

(2) 求 θ 的置信水平为 $1-\alpha$ 的单侧置信下限；

(3) 若某元件的使用寿命(以小时计)服从上述指数分布，现从中抽取一容量为 16 的样本，测得样本均值为 5010 小时，试求元件的平均使用寿命的置信水平为 0.9 的单测置信下限.

第 8 章　假设检验

一、目的要求

1. 深刻理解并熟练掌握假设检验的基本思想.
2. 熟练掌握单个正态总体均值与方差的假设检验方法.
3. 掌握两个正态总体均值差与方差比的假设检验方法.

二、内容提要

1. 假设检验的思想方法

假设检验运用的是带概率性质的“反证法”思想，在统计推断中有一条基本原理：认为小概率事件在一次试验中是不会发生的，假设检验就以该原则为基础. 如果在一次试验中，小概率事件发生了，那么可推翻原假设. 若假定原假设为真时，没有导致不合理现象出现，则不拒绝原假设而接受原假设.

2. 假设检验的步骤

1°　根据实际问题的要求，提出原假设 H_0 及备择假设 H_1.

2°　给定显著性水平 α 及样本容量 n.

3°　确定检验统计量及其分布以获得拒绝域.

4°　按照 $P\{$拒绝 $H_0 \mid H_0$ 为真$\}=\alpha$ 求出拒绝域.

5°　抽样，根据样本观察值确定接受 H_0 还是拒绝 H_0.

3. 假设检验的两类错误

假设检验的依据是:小概率事件在一次试验中很难发生.但是,很难发生不等于不发生.因而,假设检验得出的结论有可能是错误的,假设检验的错误有两类.

(1) 第一类错误

若原假设 H_0 成立,而观察值落入拒绝域,因而做出拒绝 H_0 的错误结论,称为第一类错误.称犯第一类错误是“以真当假”.根据定义,犯第一类错误的概率不超过显著性水平 α.

(2) 第二类错误

如果原假设 H_0 不成立,而观察值未落入拒绝域,因而做出接受 H_0 的错误结论,称为第二类错误.称犯第二类错误是“以假当真”.犯第二类错误的概率记为 β.人们希望犯两类错误的概率同时都很小,但是,当容量 n 一定时,若 α 变小,则 β 变大;反之,若 β 变小,则 α 变大.取定 α,要想使 β 变小,则必须增加样本容量.

在实际应用中,通常人们只控制犯第一类错误的概率,即给定显著性水平 α,α 大小的选取应根据实际情况而定,当我们宁可“以假当真”而不愿“以真当假”时,则应把 α 取得很小,如 0.01,甚至 0.001;反之,则应把 α 取得大些.

4. 双边假设检验与单边假设检验

形如 $H_0:\mu=\mu_0,H_1:\mu\neq\mu_0$,备择假设 H_1 中 μ 可能大于 μ_0,也可能小于 μ_0,称为双边假设检验.

形如 $H_0:\mu\geqslant\mu_0,H_1:\mu<\mu_0$ 的假设检验为左边检验.

形如 $H_0:\mu\leqslant\mu_0,H_1:\mu>\mu_0$ 的假设检验为右边检验.

5. 单个正态总体均值与方差的假设检验

设总体 $X\sim N(\mu,\sigma^2)$,$X_1,X_2,\cdots,X_n$ 是取自 X 的样本,$\overline{X},S^2$ 分别为样本均值与方差.

(1) 方差 σ^2 已知,检验 $H_0:\mu=\mu_0,H_1:\mu\neq\mu_0$

1° 选取统计量

$$Z=\frac{\overline{X}-\mu_0}{\frac{\sigma}{\sqrt{n}}}\sim N(0,1).$$

2° $P\{|Z|>Z_{\frac{\alpha}{2}}\}=\alpha$.

3° 拒绝域为$|Z|>Z_{\frac{\alpha}{2}}$.

4° 计算$Z=\frac{\overline{X}-\mu_0}{\frac{\sigma}{\sqrt{n}}}$,并判断是拒绝还是接受$H_0$.

(2) 方差σ^2未知,检验$H_0:\mu=\mu_0,H_1:\mu\neq\mu_0$

1° 选取统计量

$$T=\frac{\overline{X}-\mu}{\frac{S}{\sqrt{n}}}\sim t(n-1).$$

2° $P\{|T|>t_{\frac{\alpha}{2}}(n-1)\}=\alpha$.

3° 拒绝域为$|T|>t_{\frac{\alpha}{2}}(n-1)$.

4° 计算$T=\frac{\overline{X}-\mu}{\frac{S}{\sqrt{n}}}$,并判断是拒绝还是接受$H_0$.

(3) 方差σ^2的假设检验,$H_0:\sigma^2=\sigma_0^2,H_1:\sigma^2\neq\sigma_0^2$

1° 选取统计量

$$\chi^2=\frac{\sum_{i=1}^{n}(X_i-\overline{X})^2}{\sigma_0^2}\sim\chi^2(n-1).$$

2° $P\{\chi^2<\chi^2_{1-\frac{\alpha}{2}}(n-1)\}=\frac{\alpha}{2}$及$P\{\chi^2>\chi^2_{\frac{\alpha}{2}}(n-1)\}=\frac{\alpha}{2}$.

3° 拒绝域为$\chi^2<\chi^2_{1-\frac{\alpha}{2}}(n-1)$或$\chi^2>\chi^2_{\frac{\alpha}{2}}(n-1)$.

4° 计算$\chi^2=\frac{\sum_{i=1}^{n}(X_i-\overline{X})^2}{\sigma_0^2}$,并判断是拒绝还是接受$H_0$.

6. 两个正态总体均值与方差的假设检验

设总体$X\sim N(\mu_1,\sigma_1^2)$,$Y\sim N(\mu_2,\sigma_2^2)$,样本$X_1,X_2,\cdots,X_n$和$Y_1,Y_2,\cdots,Y_n$分别来自总体$X$和$Y$,且它们相互独立,$\overline{X}$,$S_1^2$和$\overline{Y}$,$S_2^2$分别是两个样本的均值与方差.

(1) 已知σ_1^2,σ_2^2,检验$\mu_1=\mu_2$,$H_0:\mu_1=\mu_2,H_1:\mu_1\neq\mu_2$

1° 选取统计量

$$Z=\frac{\overline{X}-\overline{Y}}{\sqrt{\frac{\sigma_1^2}{n_1}+\frac{\sigma_2^2}{n_2}}}.$$

2° $P\{|Z|>Z_{\frac{\alpha}{2}}\}=\alpha$.

3° 拒绝域为$|Z|>Z_{\frac{\alpha}{2}}$.

4° 计算 $Z=\dfrac{\overline{X}-\overline{Y}}{\sqrt{\dfrac{\sigma_1^2}{n_1}+\dfrac{\sigma_2^2}{n_2}}}$,并判断是拒绝还是接受 H_0.

(2) 已知 $\sigma_1^2=\sigma_2^2$,但其值未知,检验 $\mu_1=\mu_2$,$H_0:\mu_1=\mu_2$,$H_1:\mu_1\neq\mu_2$

1° 选取统计量

$$T=\frac{\overline{X}-\overline{Y}}{S_w\sqrt{\dfrac{1}{n_1}+\dfrac{1}{n_2}}}\sim t(n_1+n_2-2),$$

其中

$$S_w^2=\frac{(n_1-1)S_1^2+(n_2-1)S_2^2}{n_1+n_2-2}.$$

2° $P\{|T|>t_{\frac{\alpha}{2}}(n_1+n_2-2)\}=\alpha$.

3° 拒绝域为$|T|>t_{\frac{\alpha}{2}}(n_1+n_2-2)$.

4° 计算 $T=\dfrac{\overline{X}-\overline{Y}}{S_w\sqrt{\dfrac{1}{n_1}+\dfrac{1}{n_2}}}$,并判断是拒绝还是接受 H_0.

(3) 检验 $\sigma_1^2=\sigma_2^2$,$H_0:\sigma_1^2=\sigma_2^2$,$H_1:\sigma_1^2\neq\sigma_2^2$

1° 选取统计量

$$F=\frac{S_1^2}{S_2^2}\sim F(n_1-1,n_2-1).$$

2° $P\{F>F_{\frac{\alpha}{2}}(n_1-1,n_2-1)\}=\dfrac{\alpha}{2}$及 $P\{F<F_{1-\frac{\alpha}{2}}(n_1-1,n_2-1)\}=\dfrac{\alpha}{2}$.

3° 拒绝域为 $F>F_{\frac{\alpha}{2}}(n_1-1,n_2-1)$或 $F<F_{1-\frac{\alpha}{2}}(n_1-1,n_2-1)$.

4° 计算 $F=\dfrac{S_1^2}{S_2^2}$,并判断是拒绝还是接受 H_0.

7. 假设检验与区间估计的联系与区别

假设检验与区间估计是两种最重要的统计推断形式,前者解决的是定性问题,后者解决的是定量问题.假设检验与区间估计两者的提法虽然不同,对结果的解释方面也存在着差异,但解决问题的途径是相同的.现以下例说明:

设 $X\sim N(\mu,\sigma_0^2)$,σ_0^2 已知,假设检验 $H_0:\mu=\mu_0$.

若 H_0 为真,则

$$Z=\frac{\overline{X}-\mu_0}{\frac{\sigma_0}{\sqrt{n}}}\sim N(0,1).$$

对给定的显著性水平 α，由 $P\{|Z|>Z_{\frac{\alpha}{2}}\}=\alpha$ 可得 H_0 的接受域为 $\left(\overline{X}-\frac{\sigma_0\mu_{\frac{\alpha}{2}}}{\sqrt{n}},\overline{X}+\frac{\sigma_0\mu_{\frac{\alpha}{2}}}{\sqrt{n}}\right)$.

这是以 $1-\alpha$ 的概率接受 H_0. 若把上述 μ_0 换成 μ，那么这个 H_0 的接受域正是 μ 的置信水平为 $1-\alpha$ 的置信区间. 这充分说明两者解决问题的途径是相同的.

三、复习提问

1. 显著性检验的反证法思想与一般的反证法有何不同?

答：一般的反证法是逻辑上的反证法，即由结果的矛盾推出假设的错误；而显著性检验的反证法是由小概率事件在一次试验中本不该发生却发生了这一矛盾的结果出发，拒绝原假设 H_0. 由于样本的抽取具有随机性，因此，由抽样所确定的结果的矛盾也有随机性，可能出现假设正确而拒绝假设的错误，但犯错误的概率小于 α，所以说，在假设检验中的反证法具有概率的性质，称为“概率反证法”.

2. 提出原假设的一般依据是什么? 原假设与备择假设在假设检验中的地位是否相同?

答：选择一个问题的哪个结果作为原假设? 其一般原则如下：

① 因为显著性检验只考虑犯第一类错误的概率，所以对犯两类错误可能引起的后果加以比较，将后果严重的列为第一类错误，以 α 来控制它. 例如，某人去健康检查，需提出假设“有病”还是“无病”，显然把“有病认为无病”的错误比把“无病认为有病”的错误后果严重，所以，原假设应取 H_0：有病.

② 选择经验的、保守的为原假设. 例如，某厂生产的一种产品的使用寿命为 μ_0，经过工艺改革，要确认使用寿命是否增加，这时，取原假设为 $H_0:\mu=\mu_0$.

假设检验控制犯第一类错误的概率，所以检验法是保护原假设，不轻易拒绝原假设.

3. 参数的假设检验中可能会出现两种完全相反的结论吗?

答：可能. 因为假设检验的任务是对统计调查中出现的差异进行定量分析，以确定其性质，为此，便依据相关理论制定一个定量判定法则，利用已获样本进行统计推断与抉择. 而在上述法则中，有两个方面是易受人为因素影响的：一个是确定两种假设——原假设 H_0 及备择假设 H_1，另一个是选择显著性水平 α，尤其是前者受人们对相关问题的认知水平与思维倾向的影响程度最大，倘若假设错位，常会导致截然相反的检验结果. 当然，显著性水平 α 的稍许改变，即临界值的微小变更，对那些差异并非十分明显的情形，亦将可能得到完全不同的检验结论. 这是因为临界值是随显著性水平 α 的变化而变更的. 由于 α 值较小的对应接受域完全包含 α 大些的对应接受域，或者 α 值大的对应拒绝域包含 α 值较小的对应拒绝域(对 α 值而言，有所谓"大受小必受，小拒大必拒"的规律)，因此 α 值的改变就有可能改"拒绝"为"接受"或改"接受"为"拒绝"(完全相反)的定性结论. 所以，对于统计假设的确定必须十分谨慎，对 α 的选取也要视具体情况而定.

4. 对于两个正态总体期望的检验，当方差未知且不相同时，若按方差未知但相等进行检验，其结果会怎样?

答：当 $\sigma_1^2=\sigma_2^2$ 时，检验统计量

$$T=\frac{\overline{X}-\overline{Y}}{S_w\sqrt{\frac{1}{n_1}+\frac{1}{n_2}}},$$

其中 $S_w^2=\frac{(n_1-1)S_1^2+(n_2-1)S_2^2}{n_1+n_2-2}$.

但当 $\sigma_1^2=k\sigma_2^2(k\neq1)$，$n_1=rn_2(r\neq1)$时，

$$\frac{E(\overline{X}-\overline{Y})}{E\left(S_w^2\left(\frac{1}{n_1}+\frac{1}{n_2}\right)\right)}=1+\frac{[n_2(r+1)-1](k-1)(1-r)}{[n_2(r+k)-(k+1)](r+1)}.$$

显然，当且仅当 $k=1$ 或 $r=1$ 时，上式等于 1. 所以，当 $\sigma_1^2\neq\sigma_2^2$ 时，$|T|$的值会偏大或偏小，从而出现错误判断，这时，若使样本容量 n_1 与 n_2 相等，则可使出现错误的可能性变小.

四、例题分析

例 1 根据长期的经验，某工厂生产的铜丝的折断力 $X\sim N(\mu,\sigma^2)$，已知 $\sigma^2=64$. 今从该厂所生产的一大批铜丝中随机抽取 10 个样品，得折断力(单位：g)为 578，572，570，568，572，570，572，596，584，570. 可否认为这一批铜丝的平均折断力是 570g? ($\alpha=0.05$)

解 已知方差 σ^2，检验 $\mu=570$.

$H_0:\mu=\mu_0=570$，$H_1:\mu\neq570$.

已知 $\sigma^2=64$，选取统计量

$$Z=\frac{\overline{X}-\mu_0}{\frac{\sigma}{\sqrt{n}}}=\frac{\overline{X}-570}{\frac{8}{\sqrt{10}}}\sim N(0,1).$$

拒绝域为 $|Z|>Z_{\frac{\alpha}{2}}$.

因为 $\alpha=0.05$，$Z_{\frac{\alpha}{2}}=Z_{0.025}=1.96$. 计算得 $\overline{x}=575.2$，代入得

$$Z_0=\frac{\overline{x}-\mu_0}{\frac{\sigma}{\sqrt{n}}}=\frac{575.2-570}{\frac{8}{\sqrt{10}}}=2.0555.$$

故 $Z_0=2.0555>Z_{0.025}=1.96$，即 Z_0 落在拒绝域中.

故拒绝原假设 H_0，即认为这批铜丝的平均折断力不是 570g.

例 2　长期以来某砖厂生产的砖的抗断强度的总体均值为 29.76kg/m³. 今从该厂所生产的一批新砖中随机抽取 6 块，测得抗断强度(单位：kg/cm³)如下：32.56，29.66，31.64，30.00，31.87，31.03. 设砖的抗断强度服从正态分布. 试问：这批新砖的抗断强度是否比以往生产的砖的抗断强度要高？($\alpha=0.05$)

解　这是未知方差 σ^2，检验 $\mu\leqslant\mu_0=29.76$.

假设 $H_0:\mu\leqslant\mu_0=29.76$，$H_1:\mu>\mu_0$.

选取统计量

$$T=\frac{\overline{X}-\mu_0}{\frac{S}{\sqrt{n}}}\sim t(n-1).$$

由 $\alpha=0.05$，$n=6$，得拒绝域为 $T>t_\alpha(n-1)=t_{0.05}(5)=2.5706$.

计算得 $\overline{x}=31.13$，$s^2=1.05$，代入 T 计算得

$$T_0=\frac{\overline{x}-\mu_0}{\frac{s}{\sqrt{n}}}=\frac{31.13-29.76}{\frac{1.026}{\sqrt{6}}}=3.27>2.5706.$$

故应拒绝 H_0 而接受 H_1，即认为这批新砖的抗断强度比以往生产的砖的抗断强度有显著提高.

例 3　用老的铸造法铸造的零件的平均强度是 52.8g/mm²，标准差是 1.6g/mm²，为了降低成本，改变了铸造方法后，抽取了 9 个样品，测得其强度(单位：g/mm²)为：51.9，53.0，52.6，54.1，53.2，52.3，52.5，51.1，54.1. 设零件强度服从正态分布，问改变方法后零件强度的方差是否发生了变化？($\alpha=0.05$)

解　(1) 先判断 $\sigma^2=1.6^2$ 是否成立.

$H_0:\sigma^2=1.6^2, H_1:\sigma^2\neq 1.6^2$.

选取统计量

$$\chi^2=\frac{(n-1)S^2}{\sigma^2}\sim\chi^2(n-1),$$

则拒绝域为 $\chi^2>\chi^2_{\frac{\alpha}{2}}(n-1)$ 或 $\chi^2<\chi^2_{1-\frac{\alpha}{2}}(n-1)$.

由 $n=9, s^2=0.955278$，查表得 $\chi^2_{0.975}(8)=17.54, \chi^2_{0.025}(8)=2.18$.

计算得 $\chi^2=2.985244$，故 χ^2 未落入拒绝域. 所以接受 H_0，即可认为 $\sigma^2=1.6^2$.

(2) 在判断 $\sigma^2=1.6^2$ 的基础上，检验 $\mu=\mu_0=52.8$.

$H_0:\mu=52.8, H_1:\mu\neq 52.8$.

选取统计量

$$Z=\frac{\overline{X}-\mu_0}{\frac{\sigma}{\sqrt{n}}}\sim N(0,1).$$

拒绝域为 $|Z|>Z_{\frac{\alpha}{2}}$.

已知 $\alpha=0.05$，由题意得 $\overline{x}=52.76, Z_{0.025}=1.96$，

计算得 $Z=\dfrac{52.76-52.8}{\frac{1.6}{\sqrt{9}}}=-0.06$，未落入拒绝域.

故接受 H_0，即认为 $\mu=52.8$.

例 4 在漂白工艺中要考察温度对针织品断裂强力的影响. 在 70℃与 80℃下分别重复做了 8 次试验，测得断裂强力的数据的平均值分别为 20.4kg 和 19.4kg，且已知断裂强力服从正态分布，$\sigma_1^2=0.8, \sigma_2^2=0.7$. 问在 70℃与 80℃下的强力有无显著性差异？($\alpha=0.05$)

解 $H_0:\mu_1=\mu_2, H_1:\mu_1\neq\mu_2$.

取统计量

$$Z=\frac{\overline{X}-\overline{Y}}{\sqrt{\frac{\sigma_1^2}{n_1}+\frac{\sigma_2^2}{n_2}}}\sim N(0,1).$$

拒绝域为 $|Z|>Z_{\frac{\alpha}{2}}$.

已知 $\sigma_1^2=0.8, \sigma_2^2=0.7, n_1=n_2=8, \alpha=0.05$，查表得 $Z_{0.025}=1.96$.

由题意计算得 $\overline{x}=20.4, \overline{y}=19.4$，代入计算得 $Z=\dfrac{20.4-19.4}{\sqrt{\frac{0.8+0.7}{8}}}=2.31>1.96$，

落入拒绝域.

所以拒绝 H_0，即认为强力有显著性差异. 由于 $\overline{x}>\overline{y}$，故 70℃下的强力大于 80℃下的强力.

例 5 下面分别给出了马克·吐温的 8 篇小品文以及斯诺特格拉斯的 10 篇小品文中由 3 个字母组成的词所占的比例.

马克·吐温 0.225 0.262 0.217 0.24 0.23 0.229 0.235 0.217

斯诺特格拉斯 0.209 0.205 0.196 0.21 0.202 0.207 0.224 0.223 0.220 0.201

设两组数据分别来自正态总体，且两总体方差相等，两样本相互独立，问两个作家所写的小品文中包含由 3 个字母组成的词的比例是否有显著的差异？($\alpha=0.05$)

解 $\sigma_1^2=\sigma_2^2=\sigma^2$ 未知.

$H_0:\mu_1-\mu_2=0, H_1:\mu_1-\mu_2\neq 0$.

选取统计量

$$T=\frac{\overline{X}-\overline{Y}}{S_w\sqrt{\dfrac{1}{n_1}+\dfrac{1}{n_2}}}\sim t(n_1+n_2-2).$$

拒绝域为 $|T|\geqslant t_{\frac{\alpha}{2}}(n_1+n_2-2)$.

已知 $\alpha=0.05, n_1=8, n_2=10$，查表得 $t_{\frac{\alpha}{2}}(n_1+n_2-2)=t_{0.025}(16)=2.1199$.

计算得 $\overline{x}=0.232, \overline{y}=0.2097, S_w^2=145.32\times 10^{-6}$，则

$$|T|=\left|\frac{0.232-0.2097}{12.1\times 10^{-3}\times\sqrt{\dfrac{1}{8}+\dfrac{1}{10}}}\right|=3.918>2.1199.$$

故 T 落入拒绝域中，因而拒绝 H_0. 即可认为两个作家的小品文中由 3 个字母组成的词的比例有显著差异.

例 6 两家银行分别对 21 户和 16 户的年存款余额进行抽样调查，测得其平均年存款余额分别为 $\overline{x}=650$ 元和 $\overline{y}=800$ 元，样本标准差 $s_1=50$ 元和 $s_2=70$ 元. 假设年存款余额服从正态分布，问在显著性水平 $\alpha=0.1$ 下可否认为两家银行的储户年存款余额的方差相等？

解 $H_0:\sigma_1^2=\sigma_2^2, H_1:\sigma_1^2\neq\sigma_2^2$.

选取统计量

$$F=\frac{S_1^2}{S_2^2}\sim F(n_1-1,n_2-1).$$

拒绝域为$\frac{S_1^2}{S_2^2}\geqslant F_{\frac{\alpha}{2}}(n_1-1,n_2-1)$或$\frac{S_1^2}{S_2^2}\leqslant F_{1-\frac{\alpha}{2}}(n_1-1,n_2-1)$.

查表得

$$F_{\frac{\alpha}{2}}(n_1-1,n_2-1)=F_{0.05}(20,15)\approx 2.33,$$

$$F_{1-\frac{\alpha}{2}}(n_1-1,n_2-1)=F_{0.95}(20,15)=\frac{1}{F_{0.05}(15,20)}\approx 0.45.$$

计算得 $F=\frac{s_1^2}{s_2^2}=\frac{2500}{4900}=0.5102$,故 F 未落入拒绝域,从而接受 H_0.

即在显著性水平 $\alpha=0.05$ 下,认为两家银行的储户年存款余额的方差相同.

例 7 从正态总体 $N(\mu,1)$中取 100 个样品,计算得 $\overline{x}=5.32$.

(1) 试检验 $H_0:\mu=5$ 是否成立;(取 $\alpha=0.01$)

(2) 求上述检验在 $\mu=4.8$ 时犯第二类错误的概率 β.

解 (1) $H_0:\mu=5,H_1:\mu\neq 5$.

选统计量

$$Z=\frac{\overline{X}-\mu_0}{\frac{\sigma}{\sqrt{n}}}\sim N(0,1).$$

拒绝域为$|Z|>Z_{\frac{\alpha}{2}}$.

已知 $n=100,\sigma=1,\alpha=0.01$,查表得 $Z_{\frac{\alpha}{2}}=Z_{0.005}=2.57$.

计算得$|Z|=\frac{5.32-5}{\frac{1}{\sqrt{100}}}=3.2>2.57$,故拒绝 H_0.

(2) 若 $\mu=\mu_1=4.8$ 时,H_1 成立,此时$\frac{\overline{X}-\mu}{\frac{\sigma}{\sqrt{n}}}\sim N(0,1)$.

在(1)中犯第二类错误的概率为

$$\beta=P\{接受\ H_0\,|\,H_1\ 成立\}=P\left\{\left|\frac{\overline{X}-\mu_0}{\frac{\sigma}{\sqrt{n}}}\right|<Z_{\frac{\alpha}{2}}\right\}$$

$$\xlongequal{\mu_0=5}P\left\{\frac{\mu_0-\mu_1}{\frac{\sigma}{\sqrt{n}}}-Z_{\frac{\alpha}{2}}<\frac{\overline{X}-\mu_1}{\frac{\sigma}{\sqrt{n}}}<\frac{\mu_0-\mu_1}{\frac{\sigma}{\sqrt{n}}}+Z_{\frac{\alpha}{2}}\right\}$$

$$=\Phi\left(\frac{\mu_0-\mu_1}{\frac{\sigma}{\sqrt{n}}}+Z_{\frac{\alpha}{2}}\right)-\Phi\left(\frac{\mu_0-\mu_1}{\frac{\sigma}{\sqrt{n}}}-Z_{\frac{\alpha}{2}}\right)$$

$=\Phi(4.57)-\Phi(-0.57)=1-(1-\Phi(0.57))$

$=\Phi(0.57)=0.7157.$

五、自测练习

A 组

1. 有一种元件，要求其使用寿命不得低于 100h. 现在从一批这种元件中随机抽取 25 件，测得其使用寿命的平均值为 950h. 已知该元件的使用寿命服从标准差 $\sigma=100$h 的正态分布，试在显著性水平 $\alpha=0.05$ 下确定这批元件是否合格.

2. 由经验可知某零件的重量 $X\sim N(\mu,\sigma^2)$，其中 $\mu=15$，$\sigma^2=0.05$. 技术革新后，抽查 6 个样品，测得其重量(单位：g)分别为 14.7，15.1，14.8，15.0，15.2，14.6. 已知方差不变，问平均重量是否仍为 15？($\alpha=0.05$)

3. 正常人的脉搏平均为 72 次/分. 某医生测得 10 例慢性四乙基铅中毒患者的脉搏(单位：次/分)为 54，67，68，78，70，66，67，70，65，69. 已知脉搏服从正态分布，问在显著性水平 $\alpha=0.05$ 的条件下，四乙基铅中毒者和正常人的脉搏有无显著性差异？

4. 一台机床加工轴的椭圆度服从 $N(0.095,0.02^2)$(单位：mm). 机床经调整后，随机取 20 根测量其椭圆度，算得 $\overline{x}=0.081$mm. 问调整后机床加工轴的平均椭圆度有无显著降低？若总体方差 σ^2 未知，其他条件不变，问调整后的机床加工轴的平均椭圆度有无显著降低？($\alpha=0.05$)

5. 测定某电子元件的可靠性 15 次，计算得 $\overline{x}=0.94$ 和 $s=0.23$，该元件的订货合同规定可靠性的总体参数 $\mu_0=0.96$，$\sigma_0=0.05$，并假定可靠性服从正态分布，试在显著性水平 $\alpha=0.05$ 下，按合同检验总体的均值和标准差.

(1) 用双侧检验；　(2) 用适当的单侧检验.

6. 为了比较两种枪弹的速度(单位：m/s)，在相同的条件下进行速度测定，算得样本平均值和均方差的值如下：

$$\text{枪弹 I}: m_1=18, \overline{x}=2805, s_1=119.86.$$

$$\text{枪弹 II}: n_2=13, \overline{y}=2680, s_2=104.47.$$

在显著性水平 $\alpha=0.1$ 下，这两种枪弹在速度方面和均匀性方面有无显著差异？

7. 为比较甲、乙两种安眠药的疗效，将 20 个患者分成两组，每组 10 人. 甲组病人服用甲种安眠药，乙种病人服用乙种安眠药，设服药后延长的睡眠时间（单位：h）分别近似服从正态分布，且总体方差相等，其数据为

甲	1.9	0.8	1.1	0.1	−0.1	4.4	5.5	1.6	4.6	3.4
乙	0.7	−0.6	−0.2	−1.2	−0.1	3.4	3.7	0.8	0.0	2.0

问两种安眠药的疗效有无显著差异？($\alpha=0.05$)

8. 10 个失眠患者服用甲、乙两种安眠药延长睡眠的时间如下：

患者	1	2	3	4	5	6	7	8	9	10
甲	1.9	0.8	1.1	0.1	−0.1	4.4	5.5	1.6	4.6	3.4
乙	0.7	−0.6	−0.2	−1.2	−0.1	3.4	3.7	0.8	0.0	2.0

如果认为服用每种安眠药后增加的睡眠时间服从正态分布，问在显著性水平 $\alpha=0.05$ 的条件下，这两种安眠药的疗效有无显著性差异？

B 组

1. 设某次考试的考生成绩服从正态分布，从中随机地抽取 36 位考生的成绩，算得平均成绩为 66.5 分，标准差为 15 分.

(1) 试问在显著水平 $\alpha=0.05$ 下，是否可以认为这次考试考生的平均成绩为 70 分？并给出检验过程.

(2) 试求全体考生平均成绩的置信度为 0.95 的置信区间.

(3) 在显著性水平 $\alpha=0.05$ 下，是否可以认为这次考试考生的成绩的方差为 16^2？

2. 人们发现，在酿造啤酒时，在麦芽干燥过程中形成致癌物质亚硝基二甲胺，后来开发了一种新的麦芽干燥过程. 在新、老两种过程中形成的亚硝基二甲胺的含量（以 10 亿份中的份数计）如下：

老：6　4　5　5　6　5　5　6　4　6　7　4

新：2　1　2　2　1　0　3　2　1　0　1　3

设两个样本分别来自正态总体，相互独立，且两总体方差相等，分别以 μ_1,μ_2 记对应于老、新过程的总体的均值，试检验假设 $H_0:\mu_1-\mu_2=2, H_1:\mu_1-\mu_2>2$. ($\alpha=0.05$)

3. 设有 A 种药随机地给 8 个病人服用，经过一段固定时间后，测病人身体细胞内药的浓度，其结果为 1.40，1.42，1.42，1.62，1.55，1.81，1.60，1.52. 又有 B 种药给 6 个病人服用，并在同样固定的时间后，测病人身体细胞内药的浓度，其结果

为 1.76，1.41，1.81，1.49，1.67，1.81. 并设两种药在病人身体细胞内的浓度都服从正态分布. 试问：A 种药在病人身体细胞内的浓度的方差是否为 B 种药在病人身体细胞内浓度的方差的$\frac{2}{3}$？（$\alpha=0.1$）

4. 假设总体 $X\sim N(\mu,1)$，关于总体 X 的数学期望 μ 有两种假设，$H_0:\mu=\mu_0=0$，$H_1:\mu=\mu_1=1$. 设 $X_1,X_2,\cdots,X_9$ 是来自总体 X 的简单随机样本，$\overline{X}$ 是样本均值. 考虑原假设 H_0 的如下两个拒绝域：$V_1=\{3\overline{X}\geqslant Z_{0.90}\}$和 $V_2=\{3|\overline{X}|\leqslant Z_{0.05}\}$，其中 Z_α 是标准正态分布的上 α 分位点，试分别求两种检验犯两类错误的概率.

5. 测得两批电子器材的部分电阻值(单位：Ω)为

A 批：140，138，143，142，144，139；

B 批：135，140，142，136，135，140.

设两批电子器材的电阻均服从正态分布，试在显著性水平 $\alpha=0.05$ 下，检验这两批电子器材的平均电阻有无显著差异.

综合练习一

一、填空题

1. 设 A,B 是任意两个随机事件，则 $P\{(\overline{A}+B)(A+B)(\overline{A}+\overline{B})(A+\overline{B})\}$ $=$________.

2. 设随机变量 $X_1,X_2,\cdots,X_n$ 相互独立，且均服从参数相同的两点分布，则 $X=\frac{1}{n}\sum_{i=1}^{n}X_i$ 服从________分布.

3. 随机猜测选择题的答案，猜对每道题的概率为 0.25，则 4 道选择题相互独立猜对 2 道及 2 道以上的概率为________.

4. 设随机变量 X_1,X_2,X_3 相互独立，其中 X_1 在$[0,6]$上服从均匀分布，$X_2\sim N(0,4)$，$X_3\sim\pi(\lambda)$，记 $Y=X_1-2X_2+3X_3$，则 $D(Y)=$________.

5. 设随机变量 X 服从参数为 θ 的指数分布，则 $P\{X>\sqrt{DX}\}=$________.

6. 设随机变量 X 和 Y 的联合概率分布为

X \ Y	-1	0	1
0	0.07	0.18	0.15
1	0.08	0.32	0.2

则 X 和 Y 的相关系数 $\rho_{XY}=$________.

二、选择题

1. 设 A,B 为任意两事件，且 $A\subset B$，$P(B)>0$，则下列选项必然成立的是 (　　)

A. $P(A)<P(A|B)$　　　　B. $P(A)\leqslant P(A|B)$

C. $P(A)>P(A|B)$　　　　D. $P(A)\geqslant P(A|B)$

2. 已知 $P(A)=0.4$，$P(B)=0.3$，$P(A+B)=0.6$，则事件 A 和 B (　　)

A. 相容但不独立　　B. 独立但不相容

C. 独立且相容　　D. 不独立也不相容

3. 设连续型随机变量 X 的分布函数是 $F(x)$，密度函数是 $f(x)$，则对于一个固定的 x，下列说法正确的是　　（　　）

A. $f(x)$不是概率值，$F(x)$是概率值　　B. $f(x)$是概率值，$F(x)$不是概率值

C. $f(x)$和 $F(x)$都是概率值　　D. $f(x)$和 $F(x)$都不是概率值

4. 设 X,Y 分别表示"甲、乙两人完成某项工作所需的时间"，若 $E(X)<E(Y)$，$D(X)<D(Y)$，则表示　　（　　）

A. 甲的工作效率较高，但稳定性较差　　B. 甲的工作效率较低，但稳定性好

C. 甲的工作效率和稳定性都比乙好　　D. 甲的工作效率及稳定性都不如乙

5. 设随机变量 $X\sim N(\mu,\sigma^2)$，在下列哪种情况下 X 的概率密度曲线 $y=f(x)$ 的形状比较平坦　　（　　）

A. μ 较小　　B. μ 较大　　C. σ 较小　　D. σ 较大

6. 在进行区间估计时，对于同一样本，若置信水平设置得越高，则置信区间的宽度就　　（　　）

A. 越窄　　B. 越宽　　C. 不变　　D. 随机变动

三、解答题

1. 甲、乙两城市都位于长江下游，根据以往的气象记录，知道甲、乙两城市一年中雨天占的比例分别为20%和18%，两地同时下雨的比例为12%，求：

(1) 乙市为雨天时，甲市也为雨天的概率；

(2) 甲市为雨天时，乙市也为雨天的概率；

(3) 甲、乙两地至少有一地为雨天的概率.

2. 加工某一零件，共需四道工序，设第一、二、三、四道工序的次品率分别是2%，3%，5%，2%. 假定各道工序是互不影响的，求加工出来的零件的次品率.

3. 设玻璃杯整箱出售，每箱20只，各箱含0，1，2只残次品的概率分别为0.8，0.1，0.1. 一顾客欲购买一箱玻璃杯，由售货员任取一箱，经顾客开箱随机察看4只，若无残次品，则买此箱，否则不买. 求：

(1) 顾客买此箱玻璃杯的概率 α；

(2) 在顾客买的此箱玻璃杯中，确定没有残次品的概率 β.

4. 某城市每天用电量不超过一百万度，以 X 表示"每天的耗电率"（即用电量除以一百万度），它的概率密度为

$$f(x)=\begin{cases}ax(1-x)^2 & 0\leqslant x\leqslant 1,\\ 0, & \text{其他}.\end{cases}$$

(1) 求 a 的值；

(2) 若该城市发电厂每天供电量为 80 万度，求供电不能满足需要（即耗电率大于 0.8）的概率.

5. 设二维随机变量的联合密度为

$$f(x,y)=\begin{cases}x^2+\dfrac{1}{3}xy, & 0\leqslant x\leqslant 1,0\leqslant y\leqslant 2,\\ 0, & \text{其他}.\end{cases}$$

(1) 求边缘密度 $f_X(x)$，$f_Y(y)$；

(2) 求(X,Y)的联合分布函数 $F(x,y)$；

(3) 求 $P\{X+Y>1\}$；

(4) 判断 X,Y 是否独立.

6. 某车间生产的螺杆的直径服从正态分布，今随机抽取 5 只，测得其直径（单位：mm）分别为 22.4，21.5，22.0，21.8，21.4.

(1) 已知 $\sigma=0.3$，求 μ 的置信水平为 0.95 的置信区间；

(2) 若 σ 未知，求 μ 的置信水平为 0.95 的置信区间.

7. 测定某种溶液中的水分，由它的 10 个测定值得出 $\bar{x}=0.452\%$，$s=0.037\%$. 设测定值总体为正态分布，μ 为总体均值，试在 $\alpha=0.05$ 下检验假设：

(1) $H_0:\mu\geqslant 0.5\%$，$H_1:\mu<0.5\%$；

(2) $H_0:\sigma\geqslant 0.04\%$，$H_1:\sigma<0.04\%$.

8. 卷烟一厂向化验室送去 A，B 两种烟草，化验其尼古丁的含量是否相同，从 A，B 中各随机抽取重量相同的 5 例进行化验，测得尼古丁的含量如下：

A：24，27，26，21，24　　B：27，28，23，31，26

据相关经验知尼古丁的含量服从正态分布，且 A 种的方差为 5，B 种的方差为 8，取 $\alpha=0.05$，试问两种烟草的尼古丁含量是否有差异？

综合练习二

一、填空题

1. 已知 $P(A)=0.3$，$P(B)=0.4$，$P(AB)=0.2$，则 $P(A|A\cup B)=$________.

2. 将一颗均匀的骰子掷 n 次，现设所得 n 个点数的最大值为 X，则 X 的分布律为________________________________.

3. 设随机变量 X 的数学期望 $E(X)$ 与方差 $D(X)$ 皆存在，则随机变量 $X^{*}=\dfrac{X-E(X)}{\sqrt{D(X)}}(D(X)\neq 0)$ 的方差 $D(X^{*})=$________.

4. 设总体 $X\sim N(0,5^2)$，$X_1,X_2,\cdots,X_{24}$ 是来自总体 X 的样本，则随机变量 $Y=\dfrac{3(X_1^2+X_2^2+\cdots+X_6^2)}{X_7^2+X_8^2+\cdots+X_{24}^2}$ 服从________分布，自由度为________.

5. 设总体 X 服从正态分布 $N(\mu,\sigma^2)$，$X_1,X_2,\cdots,X_n$ 是来自 X 的简单随机样本，μ 未知，$H_0:\sigma^2=\sigma_0^2$，应取统计量________，统计量应服从自由度为________的________分布.

二、选择题

1. 设事件 A 与 B 互不相容，则 （　　）

A. A 与 $\overline{B}$ 互不相容　　　B. $\overline{A}$ 与 $\overline{B}$ 不一定相容

C. $\overline{A}$ 与 $\overline{B}$ 互不相容　　　D. $\overline{A}$ 与 $\overline{B}$ 相容

2. 设连续型随机变量 X 的分布函数和密度函数分别为 $F(x)$ 和 $f(x)$，则 （　　）

A. $f(x)$ 可以是奇函数　　　B. $f(x)$ 可以是偶函数

C. $F(x)$ 可以是奇函数　　　D. $F(x)$ 可以是偶函数

3. 将一枚均匀的硬币重复掷 n 次，以 X 和 Y 分别表示“正面向上和反面向上的次数”，则 X 和 Y 的相关系数为 （　　）

A. 1　　B. -1　　C. $\frac{1}{2}$　　D. 0

4. 设总体 $X\sim N(\mu,\sigma^2)$，其中 σ^2 未知，若样本容量 n 和置信度 $1-\alpha$ 均不变，则对于不同的样本观察值，总体均值 μ 的置信区间的长度　　(　　)

A. 变长　　B. 变短　　C. 不变　　D. 不能确定

5. 对正态总体的数学期望 μ 进行假设检验，如果在显著性水平 $\alpha=0.1$ 下接受 $H_0:\mu=\mu_0$，那么在显著性水平 $\alpha=0.05$ 下，下列结论成立的是　　(　　)

A. 必须接受 H_0　　B. 可能接受也可能拒绝 H_0

C. 必须拒绝 H_0　　D. 不接受也不拒绝 H_0

三、解答题

1. 假设有 3 箱同种型号的零件，里面分别装有 10 件、15 件和 25 件，且一等品分别有 3 件、7 件及 5 件. 现在任选一箱，并从中随机地先后各抽取一个零件(第一次取到的零件不放回). 求后取出的零件不是一等品的概率.

2. 某校学生在校图书馆等待借书的时间 X 服从指数分布，假设学生平均等待时间为 3 分钟. 若某一学生当借书等待时间超过 6 分钟时便离去，现知他一个月内 4 次去图书馆借书，令 Y 表示"他一个月内因借书等待的时间过长而离去的次数"，试求 Y 的分布律及概率 $P\{Y\leqslant 3\}$.

3. 设箱中装有 10 个产品，其中 4 个为不合格品. 现从中任取 1 个，若取出的为不合格品，就不再放回去. 求在取到合格品之前已经取出的不合格品数 X 的数学期望和方差.

4. 设一批电子产品的次品率为 25%，从中任取 400 件，求其中合格品率未超过 80%的概率.

5. 设二维随机变量 (X,Y) 的概率密度为

$$f(x,y)=\begin{cases}Ae^{-x}, & 0<y<x,\\ 0, & \text{其他}.\end{cases}$$

(1) 试确定常数 A；

(2) 求 X 的边缘密度 $f_X(x)$.

6. 设随机变量 X 服从参数为 λ 的泊松分布，$(x_1,x_2,\cdots,x_n)$ 为 X 的一组样本观察值.

(1) 用最大似然估计法估计 λ 的值.

(2) 若取 $x_i=5i(i=1,2,3,4,5)$，试写出上述 λ 的估计值.

7. 一细纱车间纺出某种细纱支数的标准差为 1.2，从某日纺出的一批细纱中，

随机地抽 16 缕进行支数测量，算得样本标准差 $s=2.1$. 问:纱的均匀度有无显著变化？($\alpha=0.05$,假定总体分布是正态的)

8. 用机器包装某种饮料，已知每盒重量为 500 克，误差不超过 10 克. 今抽查了 9 盒，测得平均重量为 499 克，标准差为 16 克，问这台自动包装机工作是否正常？($\alpha=0.05$)

综合练习三

一、填空题

1. 设两两相互独立的三个事件 A,B 和 C 满足条件：$ABC=\varnothing$，$P(A)=P(B)=P(C)<\frac{1}{2}$，且 $P(A\cup B\cup C)=\frac{9}{16}$，则 $P(A)=$________.

2. 设随机变量 X 服从指数分布，且数学期望 $E(X)=20$，则 $P\{X>10\}=$________.

3. 设 $X_i\sim N(0,1)(i=1,2,3,4)$，且 X_1,X_2,X_3,X_4 相互独立，$\overline{X}=\frac{1}{4}\sum_{i=1}^{4}X_i$，则 $\mathrm{Cov}(X_2,\overline{X})=$________.

4. 设 X_1,X_2,X_3,X_4 是来自总体 $N(0,2^2)$ 的样本，$X=a(X_1-2X_2)^2+b(3X_3-4X_4)^2$，则当 $a=$________，$b=$________时，统计量 X 服从 χ^2 分布，其自由度为________.

5. 设总体 $X\sim N(\mu,\sigma^2)$，样本为 $X_1,X_2,\cdots,X_n$，σ^2 未知. 设 $H_0:\mu=\mu_0$，$H_1:\mu<\mu_0$，则拒绝域为________________.（显著性水平为 α）

二、选择题

1. 对于任意两事件 A 和 B，$P(A-B)=$ （　　）

A. $P(A)-P(B)$　　B. $P(A)-P(B)+P(AB)$

C. $P(A)-P(AB)$　　D. $P(A)+P(\overline{A})-P(A\overline{B})$

2. 设随机变量 X 的概率密度函数为 $f(x)$，且已知 $f(-x)=f(x)$，$F(x)$ 为 X 的分布函数，则对任意实数 a 有 （　　）

A. $F(-a)=1-\int_0^a f(x)\mathrm{d}x$　　B. $F(-a)=\frac{1}{2}-\int_0^a f(x)\mathrm{d}x$

C. $F(-a)=F(a)$　　D. $F(-a)=2F(a)-1$

3. 设随机变量 X 服从参数为 λ 的指数分布，且已知 $E((X-1)(X+2))=$

-1，则 $\lambda=$ （　　）

A. $\frac{1}{2}$　　B. -1　　C. 2　　D. 3

4. 设总体 $X\sim N(\mu,\sigma^2)$，其中 σ^2 已知，则总体 μ 的置信区间的长度 L 与置信度$1-\alpha$ 的关系是 （　　）

A. 当 $1-\alpha$ 变小时，L 伸长　　B. 当 $1-\alpha$ 变小时，L 缩短

C. 当 $1-\alpha$ 变小时，L 不变　　D. 以上说法都不对

5. 在假设检验中，记 H_0 为原假设，则第一类错误是 （　　）

A. H_0 真时接受 H_0　　B. H_0 不真时接受 H_0

C. H_0 真时拒绝 H_0　　D. H_0 不真时拒绝 H_0

三、解答题

1. 设有两袋大小相同的球，第一、二袋各装有 50 个，且第一袋与第二袋分别装有红球 10 个和 20 个. 现从两袋中任选一袋，并从该袋中先后取两次，每次取一个球，取后不放回. 已知第一次取出的不是红球，求第二次取出的是红球的概率.

2. 相关资料表明，某种型号的计算机的使用寿命服从参数为$\frac{1}{15}$的指数分布，现有某单位购买了 10 台该型号的计算机. 求：

(1) 任意一台计算机的使用寿命超过 15 年的概率 p；

(2) 这批计算机中至少有一台的使用寿命不超过 15 年的概率 q.

3. 设随机变量 X,Y 的联合概率密度为

$$f(x,y)=\begin{cases}x, & 0\leqslant x\leqslant 1, 0\leqslant y\leqslant 2,\\ 0, & \text{其他}.\end{cases}$$

求 $Z=2X+Y$ 的概率密度 $f_Z(z)$.

4. 设随机变量 X 的分布律为 $P\{X=k\}=pq^{k-1}(k=1,2,\cdots)$，其中 $0<p<1,q=1-p$，求数学期望 $E(X)$及方差 $D(X)$.

5. 在第一届海峡两岸商品交易会上，某企业所接待的客户中实际下订单者占 20%，假定第二届海峡两岸商品交易会下订单的比例不变，试利用中心极限定理计算在所接待的 90 个客户中有 6～30 个客户下订单的概率.

6. 设总体 $X\sim N(0,1)$，$X_1,X_2,\cdots,X_8$ 为来自总体 X 的一组简单随机样本. 令 $Y=(X_1+X_2-2X_3+X_4)^2+(X_5-2X_6+X_7+X_8)^2$，求常数 C，使 CY 服从自由度为 k 的 χ^2 分布，并确定 k 的值.

7. 设总体 X 的概率分布为

X	0	1	2	3
P	θ^2	$2\theta(1-\theta)$	θ^2	$1-2\theta$

其中 θ 是未知参数. 试利用总体 X 的如下样本值 2,3,0,3,2,3,0,3,求 θ 的矩估计值与最大似然估计值.

8. 某次全国高校大学生辩论会,与会高校代表队所获成绩(满分为 100 分)服从正态分布. 现从中随机地抽取 36 所高校代表队的成绩单,算得平均成绩为 66.5 分,标准差为 15 分,在显著性水平 $\alpha=0.05$ 下是否可以认为这次辩论会与会高校代表队的平均成绩为 70 分? 请给出检验过程.

综合练习四

一、填空题

1. 设在三次独立试验中，事件 A 出现的概率相等. 若已知 A 至少出现一次的概率为 $\frac{19}{27}$，则事件 A 在一次试验中出现的概率为________.

2. 若随机变量 X 在区间(1,6)上服从均匀分布，则方程 $x^2+Xx+1=0$ 有实根的概率是________.

3. 设随机变量 X 的概率分布为 $P\{X=k\}=\frac{C}{k!}, k=0,1,2,\cdots$，则 $E(X^2)$ =________.

4. 设随机变量 X 和 Y 的数学期望分别为 -2 和 2，方差分别为 1 和 4，相关系数为 -0.5，则根据契比雪夫不等式得 $P\{|X+Y|\geqslant 6\}\leqslant$________.

5. 总体 X 的均值 μ 和方差 σ^2 的矩估计分别为________和________.

二、选择题

1. 设 $0<P(A)<1, 0<P(B)<1, P(A|B)+P(\overline{A}|\overline{B})=1$，则 (　　)

A. 事件 A 和 B 互不相容　　B. 事件 A 和 B 互相独立

C. 事件 A 和 B 互不独立　　D. 事件 A 和 B 互相对立

2. 设随机变量 X 服从正态分布 $N(\mu,\sigma^2)$，则随 σ 的增大，概率 $P\{|X-\mu|<\sigma\}$ (　　)

A. 单调增加　　B. 单调减少

C. 保持不变　　D. 增减不定

3. 设 X_1 和 X_2 是任意两个相互独立的连续型随机变量，它们的概率密度分别为 $f_1(x)$ 和 $f_2(x)$，分布函数分别为 $F_1(x)$ 和 $F_2(x)$，则 (　　)

A. $f_1(x)+f_2(x)$ 必为某一随机变量的概率密度

B. $f_1(x)f_2(x)$必为某一随机变量的概率密度

C. $F_1(x)+F_2(x)$必为某一随机变量的分布函数

D. $F_1(x)F_2(x)$必为某一随机变量的分布函数

4. 对于任意两个随机变量 X 和 Y，若 $E(XY)=E(X)E(Y)$，则　（　　）

A. $D(XY)=D(X)D(Y)$　　B. $D(X+Y)=D(X)+D(Y)$

C. X 和 Y 相互独立　　D. X 和 Y 不独立

5. 设 $X_1,X_2,\cdots,X_n$ 为总体 X 的一个简单随机样本，$E(X)=\mu$，$D(X)=\sigma^2$，为使$\hat{\theta}^2=C\sum_{i=1}^{n-1}(X_{i+1}-X_i)^2$ 为 σ^2 的无偏估计，则 C 应为　（　　）

A. $\frac{1}{n}$　　B. $\frac{1}{n-1}$　　C. $\frac{1}{2(n-1)}$　　D. $\frac{1}{n-2}$

三、解答题

1. 设两箱内装有同种零件，第一箱装 50 件，有 10 件一等品；第二箱装 30 件，有 18 件一等品. 先从两箱中任挑一箱，再从此箱中先后不放回地任取 2 个零件，求：

(1) 先取出的零件是一等品的概率 p；

(2) 在先取的是一等品的条件下，后取的仍是一等品的条件概率 q.

2. 甲袋中放有 5 只红球、10 只白球，乙袋中放有 5 只白球、10 只红球. 今先从甲袋中任取 1 只球放入乙袋，再从乙袋中任取 1 只球放回甲袋，求再从甲袋中任取 2 只球全是红球的概率.

3. 设甲、乙两人都有 n 枚硬币，全部掷完后分别计算掷出的正面数，求甲、乙两人掷出的正面数相等的概率.

4. 设随机变量 X 的分布函数为 $F(x)=A+B\arctan x(-\infty<x<+\infty)$. 求：

(1) 系数 A 和 B；

(2) X 落在$(-1,1)$内的概率；

(3) X 的概率密度.

5. 设随机变量 X,Y 相互独立，其概率密度函数分别为

$$f_X(x)=\begin{cases}1, & 0\leqslant x\leqslant 1,\\ 0, & \text{其他},\end{cases}\quad f_Y(y)=\begin{cases}e^{-y}, & y>0,\\ 0, & y\leqslant 0.\end{cases}$$

求 $Z=2X+Y$ 的概率密度函数.

6. 试利用契比雪夫不等式和中心极限定理分别确定投掷一枚均匀硬币的次数，使得“正面向上”的频率在 0.4～0.6 的概率不小于 0.9.

7. 设 $X_1,X_2,\cdots,X_n$ 是来自总体 $X\sim N(\theta,\theta)$ 的一个样本，求 θ 的最大似然估计($\theta>0$).

8. 检验了 26 匹马，测得其每 100mL 的血清中所含的无机磷平均为 3.29mL，标准差为 0.27mL. 又检验了 18 头羊，其每 100mL 血清中含无机磷平均为 3.96mL，标准差为 0.40mL. 设马和羊的血清中含无机磷的量都服从正态分布，试问在显著性水平 $\alpha=0.05$ 的条件下，马和羊的血清中无机磷的含量有无显著性差异?

综合练习五

一、填空题

1. 甲、乙两名射手对同一目标进行射击，甲射手的命中率为 p_1，乙射手的命中率为 $p_2(0<p_1,p_2<1)$. 规定甲先开始射击，每人依次轮流进行，直至目标被击中为止. 若要使甲先命中的概率比乙大，则 p_1 与 p_2 应满足的关系式为________.

2. 设随机变量 X 与 Y 相互独立，将下表补充完整.

$X \backslash Y$	y_1	y_2	y_3	$P\{X=x_i\}=p_{i\cdot}$
x_1	______	$\frac{1}{8}$	______	______
x_2	______	______	______	$\frac{3}{4}$
$P\{Y=y_i\}=p_{\cdot j}$	$\frac{1}{6}$	______	______	______

3. 设每次试验中事件 A 出现的概率为 p，现独立重复进行 n 次试验，η_n 表示“A 出现的次数”，利用中心极限定理得 $P\{a<\eta_n\leqslant b\}\approx$________________.

4. 设随机变量 X,Y,Z 相互独立，且 $X\sim N(4,5)$，$Y\sim N(-2,9)$，$Z\sim N(2,2)$，则 $P\{0\leqslant X+Y-Z\leqslant 3\}=$________.

5. 设 $X_1,X_2,\cdots,X_n$ 是来自总体 $N(\mu,\sigma^2)$ 的一个简单样本，其中 μ,σ^2 均未知. 记 $\overline{X}=\frac{1}{n}\sum\limits_{i=1}^{n}X_i$，$\theta^2=\sum\limits_{i=1}^{n}(X_i-\overline{X})^2$，则假设 $H_0:\mu=0$ 的 t 检验使用的统计量 $t=$__________.

二、选择题

1. 设 $0<P(A)<1$，$P(B)>0$，$P(B|A)=P(B|\overline{A})$，则必有 （　　）

A. $P(A|B)=P(A|\overline{B})$　　B. $P(A|B)\neq P(\overline{A}|B)$

C. $P(\overline{A}|B)=P(A|B)$　　D. $P(AB)\neq P(A)P(B)$

2. 设随机变量 X 与 Y 相互独立，且分别服从参数为 3 与参数为 2 的泊松分布，则 $P\{X+Y=0\}=$ （　　）

A. e^{-5}　　B. e^{-3}　　C. e^{-2}　　D. e^{-1}

3. 将一枚硬币重复掷 n 次，以 X 和 Y 分别表示"正面向上和反面向上的次数"，则 X 和 Y 的相关系数等于 （　　）

A. -1　　B. 0　　C. $\frac{1}{2}$　　D. 1

4. 设随机变量 $X\sim t(n)(n>1)$，$Y=\frac{1}{X^2}$，则 （　　）

A. $Y\sim\chi^2(n)$　　B. $Y\sim\chi^2(n-1)$

C. $Y\sim F(n,1)$　　D. $Y\sim F(1,n)$

5. 在假设检验中，原假设 H_0，备择假设 H_1，则第二类错误是 （　　）

A. H_0 为真，接受 H_0　　B. H_0 不真，接受 H_0

C. H_0 为真，拒绝 H_0　　D. H_0 不真，拒绝 H_0

三、解答题

1. 有 k 个袋子，每个袋内均装有 n 张卡片，分别编有号码 $1,2,\cdots,n$. 现在从每个袋内各取一张卡片，则取到的卡片上的最大编号不超过 $m+2$ 且不小于 m 的概率是多少？

2. 随机地向半圆 $\{(x,y)\mid 0<y<\sqrt{2ax-x^2}(a>0)\}$ 内掷一点，点落在半圆内任何区域的概率与区域面积成正比，则原点和该点的连线与 x 轴的夹角小于 $\frac{\pi}{4}$ 的概率为多少？

3. 某人写了 n 封不同的信，欲寄往 n 个不同的地址. 现将这 n 封信随意地插入 n 个具有不同通信地址的信封里，求至少有一封信插对信封的概率.

4. 第一个箱中有 10 个球，其中有 8 个白球；第二个箱中有 20 个球，其中有 4 个白球. 现从每个箱中任取 1 个球，再从这 2 个球中任取 1 个球，则取到白球的概率是多少？

5. 设点随机地落在单位圆周(圆心位于原点)上，并且对弧长是均匀分布的，求该点的横坐标的密度函数.

6. 设 $X_1\sim N(0,1)$，$X_2\sim N(0,1)$，且 $\rho_{X_1X_2}=\rho$. 令 $X=X_1-X_2$，试确定概率 $P\{X\leqslant 1\}$ 的取值范围.

7. 设总体 X 在 $\left[\theta-\frac{1}{2},\theta+\frac{1}{2}\right]$ 上服从均匀分布，$X_1,X_2,\cdots,X_n$ 是来自总体 X

的一个简单随机样本，记$\hat{\theta}_{(1)}=\min\limits_{1\leqslant i\leqslant n}\{X_i\}$，$\hat{\theta}_{(n)}=\max\limits_{1\leqslant i\leqslant n}\{X_i\}$.

(1) 求α使$\hat{\theta}=\alpha\hat{\theta}_{(1)}+(1-\alpha)\hat{\theta}_{(n)}$为$\theta$的无偏估计；

(2) 计算极限$\lim\limits_{n\to\infty}E(\hat{\theta}_{(n)}-\theta)^2$.

8. 某自动包装机包装洗衣粉，其重量服从正态分布. 今随机抽查 12 袋，测得其重量(单位：g)分别为 1001，1004，1003，1000，997，999，1004，1000，996，1002，998，999.

(1) 求μ的置信度为95%的置信区间；

(2) 求σ^2的置信度为95%的置信区间；

(3) 若已知$\sigma^2=9$，求μ的置信度为95%的置信区间.

9. 某厂生产的某种电池，其使用寿命长期以来服从方差$\sigma_0^2=5000$(h)的正态分布. 今有一批这种电池，为判断它们使用寿命的波动性是否较以往有所变化，随机抽取了一个容量为 26 的样本，测得其使用寿命的样本方差为$s^2=7200$. 试问：在检验水平$\alpha=0.05$下，这批电池使用寿命的波动性较以往是否显著变大？

10. 为比较不同季节出生的新生儿体重的方差，从 2013 年 12 月及 6 月出生的新生儿中分别随机地抽取 6 名及 10 名，测得其体重(单位：g)如下：

12 月：3520，2960，2560，1960，3260，3960；

6 月：3220，3220，3760，3000，2920，3740，3060，3080，2940，3060.

假定新生儿体重服从正态分布，试问冬季出生的新生儿体重的方差是否比夏季出生的小？($\alpha=0.05$)

综合练习六

1. 某个班级有 30 名学生，有 5 个不同的奖项要颁发，分别在以下两种情况下计算一共有多少种不同的颁奖方式.

(1) 一个学生可以得多个奖项；

(2) 每个学生最多只能得 1 个奖项.

2. 如图，从标有点 A 的地方出发，每一步只能向上或向右移动，问移动到点 B 一共有多少种方式？又若要求必须经过点 C，则一共有多少种移动方式？

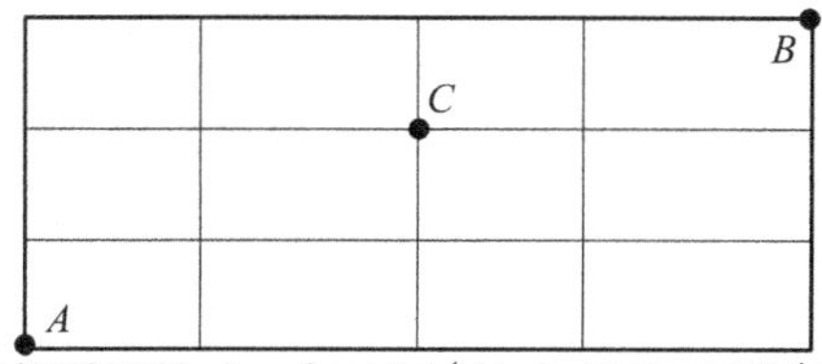

3. 参加过一个“戒烟班”的人，有 48%的女性和 37%的男性在结束后一年内坚持没有吸烟，这些人参加了年末的庆功会. 如果一开始班里有 62%的男性，问：

(1) 参加庆功会的女性有多大比例？

(2) 参加庆功会的人数占全班的比例是多少？

4. 一个班里有 30 个学生，其中 15 个成绩好，10 个成绩一般，5 个成绩差；另一个班里也有 30 个学生，其中 5 个成绩好，10 个成绩一般，15 个成绩差. 你仅知道这些数据，但是分不清到底哪个班是成绩较好的班. 现随机地从 A，B 两个班里各选一个学生，发现从 A 班选出的是一般生，从 B 班选出的是差生，那么 A 班是较好的班的概率有多大？

5. 设连续型随机变量(X,Y)的概率密度为

$$f(x,y)=\begin{cases}2\mathrm{e}^{-(x+2y)}, & x>0,y>0,\\ 0, & \text{其他}.\end{cases}$$

求 $Z=X+2Y$ 的分布函数.

6. 设随机变量 $X\sim U\left[-\frac{\pi}{2},\frac{\pi}{2}\right]$，求 $Y=\cos X$ 的密度函数.

7. 若 $X_1,X_2,\cdots,X_n$ 是互相独立的随机变量，$D(X_i)=\sigma_i{}^2(i=1,2,\cdots,n)$，试求 $a_1,a_2,\cdots,a_n(\sum\limits_{i=1}^{n}a_i=1)$，使得 $\sum\limits_{i=1}^{n}a_iX_i$ 的方差最小.

8. 设一批产品的废品率为 0.01，从中任取 500 件，试求其中正好有 5 件废品的概率.

(1) 用二项分布直接计算；

(2) 用泊松分布近似计算；

(3) 用中心极限定理计算.

9. 设总体 X 服从对数正态分布，其概率密度函数为

$$f(x;\mu,\sigma^2)=(2\pi\sigma^2)^{-\frac{1}{2}}x^{-1}\exp\left\{-\frac{(\ln x-\mu)^2}{2\sigma^2}\right\},x>0,$$

其中 $-\infty<\mu<+\infty,\sigma>0$ 是未知参数，$X_1,X_2,\cdots,X_n$ 是来自总体 X 的样本，试求 μ 和 σ^2 的最大似然估计量.

10. 设有两个正态总体 $X\sim N(\mu_1,\sigma^2),Y\sim N(\mu_2,\sigma^2)$，分别从 X,Y 中抽取容量为 n_1,n_2 的两个独立样本，样本方差分别为 S_1^2,S_2^2，试证：对任何常数 a,b，如果 $a+b=1$，则 $Z=aS_1^2+bS_2^2$ 都是 σ^2 的无偏估计量，并确定使 $D(Z)$ 达到最小值的 a,b.

11. 设某种产品分别来自甲、乙两厂家，为考察产品性能的差异，现从甲、乙两厂生产的产品中分别抽取了 8 件和 9 件，测其性能指标 X，得到两组数据，经计算，得 $\bar{x}_1=0.19,s_1^2=0.006,\bar{x}_2=0.238,s_2^2=0.008$. 假设测定结果服从正态分布 $N(\mu_i,\sigma_i^2)(i=1,2)$，求 $\frac{\sigma_1^2}{\sigma_2^2}$ 和 $\mu_1-\mu_2$ 的置信度为 0.90 的置信区间，并对所得结果加以说明.

12. 若一个矩形的宽与长的比为 0.618，将给人们一种良好的感觉. 某工艺品厂生产的矩形工艺品框架的宽与长之比服从正态分布. 现在随机地抽取 20 个，测得其比值的平均值与标准差分别为 $\bar{x}=0.65785,s=0.0933$. 试问在显著性水平 $\alpha=0.05$ 的条件下，能否认为其均值是 0.618?

13. 假设总体 $X\sim N(\mu,1)$，关于总体 X 的数学期望 μ 有两种假设，即 $H_0:\mu=\mu_0=0,H_1:\mu=\mu_1=1$. 设 $X_1,X_2,\cdots,X_9$ 是来自总体 X 的一个简单随机样本，$\overline{X}$ 是样本均值. 考虑原假设 H_0 的如下两个拒绝域：$V_1=\{3\overline{X}\geqslant u_{0.90}\}$ 和 $V_2=\{3|\overline{X}|\geqslant u_{0.05}\}$，其中 u_α 是标准正态分布显著性水平为 α 的双侧分位点，试分别求两种检验犯两类错误的概率.

参 考 答 案

第1章 概率论的基本概念

A组

1. C **2.** D **3.** A **4.** C **5.** D **6.** D **7.** D **8.** A

9. $\Omega,\varnothing$ **10.** 0 **11.** 0.5 **12.** $\frac{3}{4}$

13. 0.1 **14.** $\frac{3}{4}$ **15.** $\frac{1}{5}$ **16.** $C_5^1(0.1)^1(0.9)^4$, $\sum_{k=0}^{1}C_5^k(0.1)^k(0.9)^{5-k}$

17. 情况1:(1) $\frac{C_{98}^2C_2^1}{C_{100}^3}\approx0.0588$,(2) $\frac{C_2^1C_{98}^2+C_2^2C_{98}^1}{C_{100}^3}\approx0.0594$

情况2:(1) $C_3^1\times\frac{2}{100}\times\frac{98}{100}\times\frac{98}{100}\approx0.0576$,(2) $1-\frac{98^3}{100^3}\approx0.0588$

情况3:(1) $\frac{2\times98\times97}{100\times99\times98}\times3\approx0.0588$,(2) $1-\frac{98\times97\times96}{100\times99\times98}\approx0.0594$

18. $1-\frac{C_7^2}{C_{10}^2}=\frac{8}{15}$ **19.** (1) $\frac{C_{400}^{90}C_{1100}^{110}}{C_{1500}^{200}}$ (2) $1-\frac{C_{1100}^{200}}{C_{1500}^{200}}-\frac{C_{400}^{1}C_{1100}^{199}}{C_{1500}^{200}}$ **20.** 0.51 **21.** 0.6

22. $\frac{2}{25},\frac{5}{8}$ **23.** (1) $C_6^1\left(\frac{1}{6}\right)^1\left(\frac{5}{6}\right)^{6-1}=\left(\frac{5}{6}\right)^5$ (2) $C_6^2\left(\frac{1}{6}\right)^2\left(\frac{5}{6}\right)^{6-2}=\frac{1}{2}\left(\frac{5}{6}\right)^5$

(3) $\sum_{k=1}^{6}P_6(k)=1-P_6(0)=1-C_6^0\left(\frac{1}{6}\right)^0\left(\frac{5}{6}\right)^6=1-\left(\frac{5}{6}\right)^6$

B组

1. 利用加法公式 $P(AB)=P(A)+P(B)-P(A+B)$. (1) 由 $P(B)=0.7$,$P(A)=0.6$,知 $P(B)>P(A)$. 当 $B\supset A$ 时,$AB=A$,$A+B=B$,$P(A+B)=P(B)$为最小,此时 $P(AB)$为最大,故 $P(AB)|_{\max}=P(A)=0.6$ (2) 由于 $P(B)\leqslant P(A+B)\leqslant1$,故当 $P(A+B)=1$ 时,$P(AB)$最小,且 $P(AB)|_{\min}=P(A)+P(B)-1=0.6+0.7-1=0.3$

2. 用 A,B,C 分别表示订阅 A 报、B 报、C 报的事件,则 $P(A)=0.48$,$P(B)=0.38$,$P(C)=0.3$,$P(AB)=0.15$,$P(AC)=0.1$,$P(BC)=0.08$,$P(ABC)=0.05$. (1) $P(A\overline{B}\,\overline{C})=P(A)-P[A(B+C)]=P(A)-P(AB)-P(AC)+P(ABC)=0.28$ (2) $P(AB\overline{C})=P(AB)-P(ABC)$

$=0.10$ (3) 仿(1)可得 $P(B\overline{A}\,\overline{C})=0.20$,$P(\overline{A}\,\overline{B}C)=0.17$,$P(A\overline{B}\,\overline{C}+\overline{A}B\overline{C}+\overline{A}\,\overline{B}C)=0.28+0.20+0.17=0.65$ (4) $P(AB\overline{C})=P(AB)-P(ABC)=0.1$,$P(AC\overline{B})=P(AC)-P(ABC)=0.05$,$P(BC\overline{A})=0.03$,$P(AB\overline{C}+AC\overline{B}+BC\overline{A})=0.18$ (5) $P(A+B+C)=P(A)+P(B)+P(C)-P(AB)-P(AC)-P(BC)+P(ABC)=0.88$ (6) $P\{$至多订一种报纸$\}=1-P(AB+AC+BC)=1-0.18-0.05=0.77$ (7) $P(\overline{A}\,\overline{B}\,\overline{C})=0.77-0.65=0.12$ 或 $1-P(A+B+C)=1-0.88=0.12$

3. 设 A_1 表示"取出的3个数中有偶数",A_2 表示"取出的数中有5",则所求概率为 $P(A_1A_2)=1-P(\overline{A_1A_2})=1-P(\overline{A}_1+\overline{A}_2)=1-[P(\overline{A}_1)+P(\overline{A}_2)-P(\overline{A}_1\ \overline{A}_2)]=1-\left[\left(\frac{5}{9}\right)^3+\left(\frac{8}{9}\right)^3-\left(\frac{4}{9}\right)^3\right]\approx 0.214$

4. 设 A_1 表示"甲找到目标",B_1 表示"丙投中目标",A_2 表示"乙找到目标",B_2 表示"丁投中目标",W 表示"完成任务". (1) 甲丙搭配、乙丁搭配,$P(W)=P(A_1)P(B_1|A_1)+P(A_2)P(B_2|A_2)-P(A_1)P(B_1|A_1)P(A_2)P(B_2|A_2)=0.9\times0.7+0.8\times0.6-0.9\times0.7\times0.8\times0.6=0.8076$;(2) 甲乙搭配、乙丙搭配,$P(W)=P(A_1)P(B_2|A_1)+P(A_2)P(B_1|A_2)-P(A_1)P(B_2|A_1)P(A_2)P(B_1|A_2)=0.9\times0.6+0.8\times0.7-0.9\times0.6\times0.8\times0.7=0.7976$. 因此甲丙搭配、乙丁搭配好,此时命中率为 0.8076

5. 以 C 记事件"母亲患病",N_1 记事件"第1个孩子未患病",N_2 记事件"第2个孩子未患病". 已知 $P(C)=0.5$,$P(\overline{N}_1|C)=P(\overline{N}_2|C)=0.5$,$P(N_1N_2|C)=0.25$,$P(N_1|\overline{C})=1$,$P(N_2|\overline{C})=1$.

(1) $P(N_1)=P(C)P(N_1|C)+P(\overline{C})P(N_1|\overline{C})=P(C)[1-P(\overline{N}_1|C)]+P(\overline{C})P(\overline{N}_1|\overline{C})=0.75$

(2) $P(N_2|N_1)=\frac{P(N_1N_2)}{P(N_1)}$. 由题意知当 $\overline{C}$ 发生时,N_1,N_2 均为必然事件,必然事件一定相互独立,于是有 $P(N_1N_2|\overline{C})=P(N_1|\overline{C})P(N_2|\overline{C})=1$. 因此 $P(N_1N_2)=P(N_1N_2|C)P(C)+P(N_1N_2|\overline{C})P(\overline{C})=0.25\times0.5+1\times0.5=0.625$,故 $P(N_2|N_1)=\frac{0.625}{0.75}=\frac{5}{6}$

(3) $P(C|N_1N_2)=\frac{P(N_1N_2|C)P(C)}{P(N_1N_2)}=\frac{0.25\times0.5}{0.625}=0.2$

6. 这是几何概型问题,样本空间是平面矩形域 $\Omega=\{(x,y)\,|\,0<x<1,0<y<1\}$,事件 A 对应 Ω 中的子区域 $\left\{(x,y)\,\middle|\,0<x<1,0<y<1,xy<\frac{1}{3}\right\}$(如图). 面积 $S_A=1-\int_{\frac{1}{3}}^{1}\left(1-\frac{1}{3x}\right)\mathrm{d}x=\frac{1}{3}(1+\ln 3)$. 因此 $P(A)=\frac{S_A}{S_\Omega}=\frac{1}{3}(1+\ln 3)$

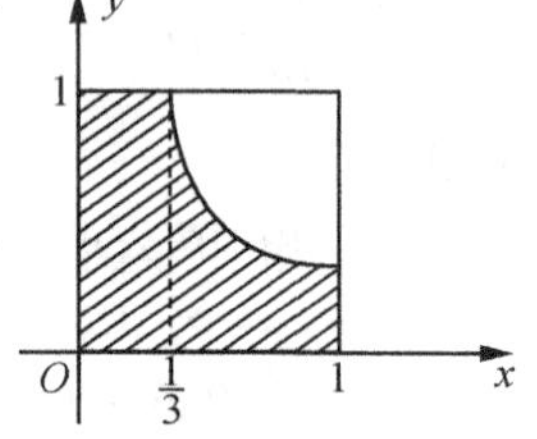

7. 设 $A=\{$甲胜$\}$,$A_i=\{$甲在第 i 轮获胜$\}$,$B_i=\{$乙在第 i 轮获胜$\}$ $(i=1,2,\cdots)$,则 $P(A_i)=p$,$P(\overline{B}_i)=0.25$. 故 $P(A)=P(A_1+\overline{A}_1\ \overline{B}_1A_2+\overline{A}_1\ \overline{B}_1\ \overline{A}_2\ \overline{B}_2A_3+\cdots)$(记 $q=1-p$)$=p+0.25qp+(0.25)^2q^2p+\cdots=\frac{p}{1-0.25q}$. 由要求甲、乙获胜概率相同,可知获胜概率各为 0.5,因此

$\frac{p}{1-0.25q}=0.5$，得 $p=\frac{3}{7}$

8. 设 $A=\{$这批微机被接收$\}$，$B_i=\{$随机抽出的3台中恰有 i 台次品$\}$，$i=0,1,2,3$，显然，B_0,B_1,B_2,B_3 是一完备事件组，$P(B_0)=\frac{C_{96}^3}{C_{100}^3}$，$P(B_1)=\frac{C_4^1C_{96}^2}{C_{100}^3}$，$P(B_2)=\frac{C_4^2C_{96}^1}{C_{100}^3}$，$P(B_3)=\frac{C_4^3}{C_{100}^3}$，$P(A|B_0)=(0.99)^3$，$P(A|B_1)=(0.99)^2\times0.05$，$P(A|B_2)=0.99\times(0.05)^2$，$P(A|B_3)=(0.05)^3$，由全概率公式有 $P(A)=\sum_{i=0}^{3}P(A|B_i)P(B_i)\approx0.8629$

第2章　随机变量及其分布

A组

1.

X	1	2	3	4	5
P	0.2	0.2	0.2	0.2	0.2

2. $C=\frac{37}{16}$，$\frac{8}{25}$

3. (1) $C_5^2 0.6^2\cdot0.4^3$　(2) $1-C_5^4 0.6^4\cdot0.4-C_5^5 0.6^5\cdot0.4^0$　(3) $1-C_5^0 0.6^0\cdot0.4^5$

4. $X\geqslant16$　**5.** (1) $k=-\frac{1}{2}$　(2) $F(x)=\begin{cases}0, & x<0,\\ -\frac{1}{4}x^2+x, & 0\leqslant x<2,\\ 1, & x\geqslant2\end{cases}$　(3) $\frac{1}{4}$　**6.** $\frac{3}{5}$

7. (1) 0.8051　(2) 0.5498　(3) 0.6678　(4) 0.9321

8. (1) 0.3372　0.5934　(2) 129.8

9. (1)

X^2	0	1	4
P	$\frac{13}{25}$	$\frac{3}{7}$	$\frac{1}{5}$

(2)

$3X+1$	-5	-2	1	4
P	$\frac{1}{5}$	$\frac{1}{7}$	$\frac{13}{35}$	$\frac{2}{7}$

10. (1) $f_Y(y)=\begin{cases}\frac{1}{2y}, & 1\leqslant y\leqslant e^2,\\ 0, & \text{其他}\end{cases}$　(2) $f_Z(z)=\begin{cases}\frac{1}{3}e^{-\frac{z}{3}}, & z\geqslant0,\\ 0, & z<0\end{cases}$

B组

1. X 的分布律为 $P\{X=1\}=\frac{3}{6}=\frac{1}{2}$，$P\{X=2\}=\frac{2}{6}=\frac{1}{3}$，$P\{X=3\}=\frac{1}{6}$.

X 的分布函数为 $F(x)=\begin{cases}0, & x<1,\\ \frac{1}{2}, & 1\leqslant x<2,\\ \frac{5}{6}, & 2\leqslant x<3,\\ 1, & x\geqslant3\end{cases}$

2. 提示：纱锭上的纱被扯断是相互独立的，可知断纱次数服从二项分布. 考虑到 $n=800$ 充分大，$p=0.005$ 充分小，可用泊松分布来近似. $\lambda=np=800\times0.005=4$，设 X 表示"这段时间内的断纱次数”,则所求概率为 $P\{0\leqslant X\leqslant 10\}=\sum_{k=0}^{10}\frac{4^k}{k!}e^{-4}\approx 0.997$

3. (1) $A=1$ (2) $\frac{1}{4},\frac{8}{9}$ (3) $f(x)=\begin{cases}0, & x<0\text{ 或 }x>1,\\ 2x, & 0\leqslant x\leqslant 1\end{cases}$

4. 提示:以 $X_i(i=1,2,3)$表示“第 i 个元件无故障工作的时间”,则 X_1,X_2,X_3 独立同分布,其分布函数为 $F(x)=\begin{cases}1-e^{-\lambda x}, & x>0,\\ 0, & x\leqslant 0.\end{cases}$ 设 $G(t)$是 T 的分布函数,$T=\min\{X_1,X_2,X_3\}$. 当 $t\leqslant 0$ 时,$G(t)=0$;当 $t>0$ 时,$G(t)=P\{T\leqslant t\}=1-P\{T>t\}=1-P\{X_1\geqslant t,X_2\geqslant t,X_3\geqslant t\}=1-[1-F(t)]^3=1-e^{-3\lambda t}$. 所以 $G(t)=\begin{cases}1-e^{-3\lambda t}, & t>0,\\ 0, & t\leqslant 0,\end{cases}$ 即 T 服从参数为 $\frac{1}{3\lambda}$ 的指数分布

5. 提示:设 $A_1=\{$电压不超过 200V$\}$,$A_2=\{$电压在 200~240V$\}$,$A_3=\{$电压超过 240V$\}$,$B=\{$电子元件损坏$\}$,故 $P(A_1)=P\{X\leqslant 200\}=P\left\{\frac{X-220}{25}\leqslant\frac{200-220}{25}\right\}=\Phi(-0.8)=0.212$,

$P(A_2)=P\{200<X\leqslant 240\}=\Phi\left(\frac{240-220}{25}\right)-\Phi\left(\frac{200-220}{25}\right)=0.576$, $P(A_3)=P\{X>240\}=1-P\{X\leqslant 240\}=0.212$. 又 $P(B|A_1)=0.1,P(B|A_2)=0.001,P(B|A_3)=0.2$. (1) 由全概率公式知 $\alpha=P(B)=\sum_{i=1}^{3}P(A_i)P(B\mid A_i)=0.0642$. (2) $\beta=P(A_2|B)=\frac{P(A_2)P(B|A_2)}{P(B)}\approx 0.009$

6. 提示:(1) 设车门高度为 $l$cm,则有 $P\{X>l\}<0.01$. 由于 $X\sim N(170,6^2)$,故 $P\{X>l\}=1-P\{X\leqslant l\}=1-\Phi\left(\frac{l-170}{6}\right)<0.01$,即 $\Phi\left(\frac{l-170}{6}\right)>0.99$,查表得 $\frac{l-170}{6}>2.33$. 故 $l>183.98$(cm) (2) 因为任一男子的身高可能超过 182cm,也可能低于 182cm,一般来说,只有身高超过 182cm 的才能与车门顶相碰,因此,将男子是否与车门顶碰头看成一个伯努利试验,故问题转化为一个 10 重伯努利试验中的问题,为此,先求任一男子身高超过 182cm 的概率 P:$P=P\{X>182\}=1-P\{X\leqslant 182\}=1-\Phi\left(\frac{182-170}{6}\right)=1-\Phi(2)=0.0228$. 设 Y 为 10 个成年男子中身高超过 182cm 的人数,故 $Y\sim b(10,0.0228)$,即 $P(Y=k)=C_{10}^k(0.0228)^k(0.9772)^{10-k},k=0,1,\cdots,10$. 故所求概率为 $P\{Y\leqslant 1\}=P\{Y=0\}+P\{Y=1\}\approx 0.9793$

7. 提示:当 $x<1$ 时,$F(x)=0$;当 $x>8$ 时,有 $F(x)=1$;当 $x\in[1,8]$ 时,$F(x)=\int_1^x\frac{1}{3\sqrt[3]{t^2}}dt=\sqrt[3]{x}-1$. 由于 $F(x)$是 X 的分布函数,故 $Y=F(X)$的值域为$[0,1]$,不妨令 $G(y)$为 $Y=F(X)$的分布函数. 当 $y<0$ 时,$G(y)=0$;当 $y\geqslant 1$ 时,$G(y)=1$;当 $y\in[0,1)$时,$G(y)=P\{Y\leqslant y\}=P\{F(X)\leqslant y\}=P\{X\leqslant(y+1)^3\}=F((y+1)^3)=y$. 故 Y 的分布函数为 $G(y)=\begin{cases}0, & y<0,\\ y, & 0\leqslant y<1,\\ 1, & y\geqslant 1\end{cases}$

8. 提示:(1) $Y=|X|$的分布函数 $F_Y(y)=1-e^{-y}(y>0)$,$F_Y(y)=0\ (y\leqslant 0)$ (2) 略

第 3 章　多维随机变量及其分布

A 组

1. (1) (X,Y)的分布律为

Y \ X	1	2	3
1	$\frac{1}{16}$	$\frac{1}{16}$	$\frac{2}{16}$
2	$\frac{1}{16}$	$\frac{1}{16}$	$\frac{2}{16}$
3	$\frac{2}{16}$	$\frac{2}{16}$	$\frac{4}{16}$

(2) (X,Y)的分布律为

Y \ X	1	2	3
1	0	$\frac{1}{12}$	$\frac{2}{12}$
2	$\frac{1}{12}$	0	$\frac{2}{12}$
3	$\frac{2}{12}$	$\frac{2}{12}$	$\frac{2}{12}$

2.

Y \ X	0	1	2	3	$p_{\cdot j}$
1	0	$\frac{3}{8}$	$\frac{3}{8}$	0	$\frac{6}{8}$
3	$\frac{1}{8}$	0	0	$\frac{1}{8}$	$\frac{2}{8}$
$p_{i\cdot}$	$\frac{1}{8}$	$\frac{3}{8}$	$\frac{3}{8}$	$\frac{1}{8}$	1

3.

Y \ X	0	1	2	3	$p_{\cdot j}$
0	$\frac{1}{27}$	$\frac{3}{27}$	$\frac{3}{27}$	$\frac{1}{27}$	$\frac{8}{27}$
1	$\frac{3}{27}$	$\frac{6}{27}$	$\frac{3}{27}$	0	$\frac{12}{27}$
2	$\frac{3}{27}$	$\frac{3}{27}$	0	0	$\frac{6}{27}$
3	$\frac{1}{27}$	0	0	0	$\frac{1}{27}$
$p_{i\cdot}$	$\frac{8}{27}$	$\frac{12}{27}$	$\frac{6}{27}$	$\frac{1}{27}$	1

4. (1) 1,0　(2) 0　**5.** (1) $\frac{24}{5}$　(2) $\frac{11}{20}$　(3) $\frac{107}{1280}, \frac{13}{80}$

6. 不是. 因为 $P\{0<X\leqslant 2, 0<Y\leqslant 1\}<0$

7. (1) $\frac{21}{4}$　(2) $f_X(x)=\begin{cases}\frac{21}{8}x^2(1-x^4), & -1\leqslant x\leqslant 1, \\ 0, & \text{其他},\end{cases}$　$f_Y(y)=\begin{cases}\frac{7}{2}y^{\frac{5}{2}}, & 0\leqslant y\leqslant 1, \\ 0, & \text{其他}\end{cases}$

8. (1) 12　(2) $F(x,y)=\begin{cases}(1-e^{-3x})(1-e^{-4y}), & x>0,y>0,\\ 0, & \text{其他}\end{cases}$　(3) 0.95021

9. (1) $f(x,y)=\begin{cases}\dfrac{1}{(b-a)(d-c)}, & a<x<b,c<y<d,\\ 0, & \text{其他},\end{cases}$ $f_X(x)=\begin{cases}\dfrac{1}{b-a}, & a<x<b,\\ 0, & \text{其他},\end{cases}$

$f_Y(y)=\begin{cases}\dfrac{1}{d-c}, & c<y<d,\\ 0, & \text{其他}\end{cases}$　(2) 独立

10. (1) $f_{X|Y}(x|y)=\begin{cases}\dfrac{1}{1-|y|}, & |y|<x<1,\\ 0, & \text{其他},\end{cases}$ $f_{Y|X}(y|x)=\begin{cases}\dfrac{1}{2x}, & |y|<x<1,\\ 0, & \text{其他}\end{cases}$　(2) $\dfrac{3}{4},\dfrac{1}{6}$

11. (1) 当$-1<y<1$时，$f_{X|Y}(x|y)=\begin{cases}\dfrac{1}{2\sqrt{1-y^2}}, & -\sqrt{1-y^2}\leqslant x\leqslant\sqrt{1-y^2},\\ 0, & \text{其他};\end{cases}$

当$-1<x<1$时，$f_{Y|X}(y|x)=\begin{cases}\dfrac{1}{2\sqrt{1-x^2}}, & -\sqrt{1-x^2}\leqslant y\leqslant\sqrt{1-x^2},\\ 0, & \text{其他}\end{cases}$　(2) $\dfrac{1}{4}$

12. $\alpha=\dfrac{4}{18}=\dfrac{2}{9},\beta=\dfrac{2}{18}=\dfrac{1}{9}$　**13.** (1) 不独立　(2) $f_Z(z)=\begin{cases}\dfrac{z^2}{2}e^{-z}, & z>0,\\ 0, & z\leqslant 0\end{cases}$

14. (1) $X+Y\sim\begin{pmatrix}-2 & 0 & 1 & 3 & 4\\ \frac{5}{20} & \frac{2}{20} & \frac{9}{20} & \frac{3}{20} & \frac{1}{20}\end{pmatrix}$　(2) $XY\sim\begin{pmatrix}-2 & 0 & 1 & 2 & 4\\ \frac{9}{20} & \frac{2}{20} & \frac{5}{20} & \frac{3}{20} & \frac{1}{20}\end{pmatrix}$

15. (1) $f_Z(z)=\begin{cases}1-e^{-z}, & 0<z<1,\\ (e-1)e^{-z}, & z\geqslant 1\end{cases}$　(2) $f_M(m)=\begin{cases}1-e^{-m}+me^{-m}, & 0<m<1\\ e^{-m}, & m\geqslant 1,\\ 0, & \text{其他}\end{cases}$

(3) $f_N(n)=\begin{cases}2e^{-n}-ne^{-n}, & 0<n<1,\\ 0, & \text{其他}\end{cases}$　(4) $f_U(u)=\begin{cases}\dfrac{e^u-e^{u-2}}{2}, & u\leqslant 0,\\ \dfrac{u+1-e^{u-2}}{2}, & 0<u<2\\ 0, & \text{其他}\end{cases}$

B组

1. $p_{ij}=P\{X=i,Y=j\}=\dfrac{C_{13}^{i}C_{13}^{j}C_{26}^{13-i-j}}{C_{52}^{13}},i,j=0,1,\cdots,13$，且$i+j\leqslant 13$

2. (1) $P\{X^2=Y^2\}=1\Rightarrow P\{X^2\neq Y^2\}=0$，故$P\{X=0,Y=1\}=P\{X=0,Y=-1\}=P\{X-1,Y=0\}=0$，$P\{Y=1\}=P\{X=0,Y=1\}+P\{X=1,Y=1\}=\dfrac{1}{3}$，即$P\{X=1,Y=1\}=\dfrac{1}{3}$. 同理得

$P\{X=0,Y=0\}=\frac{1}{3}$，$P\{X=1,Y=-1\}=\frac{1}{3}$. 从而得（X, Y）的分布律为

X \ Y	−1	0	1
0	0	$\frac{1}{3}$	0
1	$\frac{1}{3}$	0	$\frac{1}{3}$

（2）

Z	−1	0	1
P	$\frac{1}{3}$	$\frac{1}{3}$	$\frac{1}{3}$

3. （1）$P(X=n)=\frac{\lambda^n}{n!}e^{-\lambda},n=0,1,2,\cdots$， $P\{Y=m\mid X=n\}=C_n^m p^m(1-p)^{n-m},0\leqslant m\leqslant n,n=0,1,2,\cdots$

（2）(X,Y) 的联合分布律为 $P\{X=n,Y=m\}=P\{X=n\}P\{Y=m\mid X=n\}=C_n^m p^m(1-p)^{n-m}\frac{e^{-\lambda}}{n!}\lambda^n,0\leqslant m\leqslant n,n=0,1,2,\cdots$

（3）$P(Y=m)=\sum\limits_{n=0}^{\infty}P(X=n,Y=m)=\sum\limits_{n=0}^{\infty}C_n^m p^m(1-p)^{n-m}\frac{e^{\lambda}}{n!}\lambda^n=\sum\limits_{n=m}^{\infty}\frac{[\lambda(1-p)]^{n-m}}{(n-m)!}\cdot\frac{(\lambda p)^m}{m!}e^{-\lambda}=\frac{(\lambda p)^m}{m!}e^{-\lambda}\cdot e^{\lambda(1-p)}=\frac{(\lambda p)^m}{m!}e^{-\lambda p},m=0,1,2,\cdots$

4. $F(x,y)=\begin{cases}0, & x<0 \text{ 或 } y<0,\\ \frac{1}{2}[\sin x+\sin y-\sin(x+y)], & 0\leqslant x\leqslant\frac{\pi}{2},0\leqslant y\leqslant\frac{\pi}{2},\\ \frac{1}{2}(\sin x+1-\cos x), & 0\leqslant x\leqslant\frac{\pi}{2},y>\frac{\pi}{2},\\ \frac{1}{2}(\sin y+1-\cos y), & x>\frac{\pi}{2},0\leqslant y\leqslant\frac{\pi}{2},\\ 1, & x>\frac{\pi}{2},y>\frac{\pi}{2}\end{cases}$

5. （1）由 $\int_{-\infty}^{+\infty}\int_{-\infty}^{+\infty}f(x,y)dxdy=1$ 可得 $k=\frac{1}{3}$

（2）$f_X(x)=\begin{cases}\int_0^2\left(x^2+\frac{xy}{3}\right)dy=2x^2+\frac{2}{3}x, & 0\leqslant x\leqslant 1,\\ 0, & \text{其他；}\end{cases}$

$f_Y(y)=\begin{cases}\int_0^1\left(x^2+\frac{xy}{3}\right)dx=\frac{1}{3}+\frac{1}{6}y, & 0\leqslant y\leqslant 2,\\ 0, & \text{其他}\end{cases}$

（3）当 $0\leqslant y\leqslant 2$ 时，$f_{X|Y}(x\mid y)=\begin{cases}\frac{6x^2+2xy}{2+y}, & 0\leqslant x\leqslant 1,\\ 0, & \text{其他；}\end{cases}$

当 $0\leqslant x\leqslant 1$ 时，$f_{Y|X}(y\mid x)=\begin{cases}\frac{3x+y}{6x+2}, & 0\leqslant y\leqslant 2,\\ 0, & \text{其他}\end{cases}$

(4) $P\{X+Y>1\}=\int_0^1 dx\int_{1-x}^2\left(x^2+\frac{xy}{3}\right)dy=\frac{65}{72}$,

$P\{Y>X\}=\int_0^1 dx\int_x^2\left(x^2+\frac{xy}{3}\right)dy=\frac{17}{24}$,

$$P\left\{Y<\frac{1}{2}\,\middle|\,X<\frac{1}{2}\right\}=\frac{P\left\{X<\frac{1}{2},Y<\frac{1}{2}\right\}}{P\left\{X<\frac{1}{2}\right\}}=\frac{\int_0^{\frac{1}{2}}dx\int_0^{\frac{1}{2}}\left(x^2+\frac{xy}{3}\right)dy}{\int_0^{\frac{1}{2}}dx\int_0^2\left(x^2+\frac{xy}{3}\right)dy}=\frac{5}{32}$$

6. 由题意知 $f_X(x)=\begin{cases}\frac{1}{l}, & 0<x<l,\\ 0, & 其他,\end{cases}$ $f_Y(y)=\begin{cases}\frac{1}{l}, & 0<y<l,\\ 0, & 其他.\end{cases}$ 因为 X 与 Y 相互独立,故 (X,Y) 的概率密度为 $f(x,y)=\begin{cases}\frac{1}{l^2}, & 0<x<l,0<y<l,\\ 0, & 其他.\end{cases}$ 而由方程 $t^2+Xt+Y=0$ 有实根,可知 $X^2-4Y\geqslant 0$. 故所求概率为 $P\{X^2-4Y\geqslant 0\}$. 当 $l\leqslant 4$ 时,$P\{X^2-4Y\geqslant 0\}=\int_0^l dx\int_0^{\frac{x^2}{4}}\frac{1}{l^2}dy=\frac{l}{12}$;当 $l>4$ 时,$P\{X^2-4Y\geqslant 0\}=\int_0^l dy\int_{2\sqrt{y}}^l\frac{1}{l^2}dx=1-\frac{4}{3\sqrt{l}}$

7. 由题意知(X,Y)的概率密度为 $f(x,y)=\begin{cases}\frac{1}{2}, & (x,y)\in D,\\ 0, & 其他,\end{cases}$ 则

$f_X(x)=\begin{cases}\int_{-1-x}^{x+1}\frac{1}{2}dy=1+x, & -1\leqslant x\leqslant 0,\\ \int_{x-1}^{1-x}\frac{1}{2}dy=1-x, & 0<x\leqslant 1,\\ 0, & 其他.\end{cases}$ 当 $x=0$ 时,有 $f_{Y|X}(y|x=0)=\begin{cases}\frac{1}{2}, & |y|\leqslant 1,\\ 0, & 其他\end{cases}$

8. $f(x,y)=Ae^{-2x^2+2xy-y^2}=A\pi\left[\frac{1}{\sqrt{2\pi}\frac{1}{\sqrt{2}}}e^{-\frac{(y-x)^2}{2\times\left(\frac{1}{\sqrt{2}}\right)^2}}\right]\left[\frac{1}{\sqrt{2\pi}\frac{1}{\sqrt{2}}}e^{-\frac{x^2}{2\times\left(\frac{1}{\sqrt{2}}\right)^2}}\right]$. 利用概率密度的性质$\int_{-\infty}^{+\infty}\frac{1}{\sqrt{2\pi}}e^{-\frac{(x-\mu)^2}{2\sigma^2}}dx=1$,得$\int_{-\infty}^{+\infty}\int_{-\infty}^{+\infty}f(x,y)dxdy=A\pi=1$,故 $A=\frac{1}{\pi}$. 由此得 X 的边缘概率密度为 $f_X(x)=\int_{-\infty}^{+\infty}f(x,y)dy=\frac{1}{\sqrt{\pi}}e^{-x^2}$. 从而 $f_{Y|X}(y\mid x)=\frac{f(x,y)}{f_X(x)}=\frac{1}{\sqrt{\pi}}e^{-x^2+2xy-y^2}$ $(-\infty<x<+\infty,-\infty<y<+\infty)$

9. 由于 $P\{X=0\}=0.4+a$,$P\{X+Y=1\}=P\{X=0,Y=1\}+P\{X=1,Y=0\}=a+b$,$P\{X=0,X+Y=1\}=P\{X=0,Y=1\}=a$,则由事件的独立性可知 $a=(0.4+a)(a+b)$. 又由分布律的性质可知 $0.4+a+b+0.1=1$,从而 $a=0.4$,$b=0.1$

10. 略 **11.** (1) 将 7:55 作为时间轴(单位:分)的起点,则 X 在$[0,5]$上服从均匀分布,故

$f_X(x)=\begin{cases}\dfrac{1}{5}, & 0\leqslant x\leqslant 5,\\ 0, & 其他.\end{cases}$ 由于 X,Y 互不影响，可认为 X 与 Y 相互独立，于是有 $f(x,y)=$ $\begin{cases}\dfrac{2}{125}(5-y), & 0\leqslant x\leqslant 5, 0\leqslant y\leqslant 5,\\ 0, & 其他.\end{cases}$ 设 $A=\{旅客能乘上火车\}=\{(X,Y)\mid 0\leqslant Y-X\leqslant 5\}$，所以

$P(A)=\iint\limits_A f(x,y)\mathrm{d}x\mathrm{d}y=\dfrac{1}{3}$

(2) 令 $Z=X+Y$，则 $f_Z(z)=\begin{cases}\displaystyle\int_0^z \frac{2}{125}(5-y)\mathrm{d}y=\frac{1}{125}(10z-z^2), & 0<z<5,\\ \displaystyle\int_{z-5}^5 \frac{2}{125}(5-y)\mathrm{d}y=\frac{1}{125}(10-z)^2, & 5\leqslant z<10,\\ 0, & 其他\end{cases}$

(3) 令 $Z=Y-X$，当 $-5<z<0$ 时，$f_Z(z)=\displaystyle\int_{-z}^5 \frac{2}{125}(5-z-x)\mathrm{d}x=\frac{1}{125}(25-z^2)$；当 $0\leqslant z<5$ 时，$f_Z(z)=\displaystyle\int_0^{5-z}\frac{2}{125}(5-z-x)\mathrm{d}x=\frac{1}{125}(5-z)^2$. 故 $f_Z(z)=\begin{cases}\dfrac{1}{125}(25-z^2), & -5<z<0,\\ \dfrac{1}{125}(5-z)^2, & 0\leqslant z<5,\\ 0, & 其他\end{cases}$

12. $F_Z(z)=P\{X+Y\leqslant z\}=P\{X=1\}P\{X+Y\leqslant z\mid X=1\}+P\{X=2\}P\{X+Y\leqslant z\mid X=2\}=0.3P\{Y\leqslant z-1\mid X=1\}+0.7P\{Y\leqslant z-2\mid X=2\}$. 由于 X 和 Y 相互独立，故 $F_Z(z)=0.3P\{Y\leqslant z-1\}+0.7P\{Y\leqslant z-2\}$，故 $f_Z(z)=F_Z'(z)=0.3f(z-1)+0.7f(z-2)$

13. 设 n 个随机变量 $X_1,X_2,\cdots,X_n$ 相互独立，且具有相同的分布函数 $F(x)$，则 $\max\limits_{1\leqslant i\leqslant n}\{X_i\}$ 的分布函数为 $F_{\max}(z)=[F(z)]^n\ (z\in\mathbf{R})$，$\min\limits_{1\leqslant i\leqslant n}\{X_i\}$ 的分布函数为 $F_{\min}(z)=1-[1-F(z)]^n\ (z\in\mathbf{R})$. 由题意知，5 次购票所需时间 $X_1,X_2,\cdots,X_5$ 相互独立，且具有相同的分布函数 $F(x)=\displaystyle\int_{-\infty}^x f(t)\mathrm{d}t=\begin{cases}\displaystyle\int_0^x t\mathrm{e}^{-t}\mathrm{d}t=1-(1+x)\mathrm{e}^{-x}, & x>0,\\ 0, & x\leqslant 0.\end{cases}$

(1) Y 的分布函数为 $F_Y(y)=[F(y)]^5$，故 Y 的概率密度为 $f_Y(y)=F'_Y(y)=5[F(y)]^4f(y)=\begin{cases}5[1-(1+y)\mathrm{e}^{-y}]^4\cdot y\mathrm{e}^{-y}, & y>0,\\ 0, & y\leqslant 0\end{cases}$

(2) Z 的分布函数为 $F_Z(z)=1-[1-F(z)]^5$，故 Z 的概率密度为 $f_Z(z)=F'_Z(z)=-5[1-F(z)]^4\cdot[-f(z)]=\begin{cases}5z(1+z)^4\mathrm{e}^{-5z}, & z>0,\\ 0, & z\leqslant 0\end{cases}$

第 4 章　随机变量的数字特征

A 组

1. 0,12　**2.** 1　**3.** $\frac{4}{3}$　**4.** 4

5. B　**6.** D　**7.** D　**8.** D　**9.** C　**10.** C　**11.** B

12. $E(X)=\frac{1}{p},D(X)=\frac{1-p}{p^2}$　**13.** $E(X)=0,D(X)=0.8$　**14.** $E(Y)=\frac{1}{3},D(Y)=\frac{4}{45}$

15. $E(Y_1)=0.6,E(Y_2)=-0.6$　**16.** 6　**17.** $E(Y)=\frac{3}{4},D(Y)=\frac{11}{48}$

18. $E(Y)=\frac{2}{\pi},D(Y)=\frac{\pi^2-8}{2\pi^2}$　**19.** $D(X+Y)=85,D(X-Y)=37$

20. (1) $A=\frac{1}{2}$　(2) $E(X)=E(Y)=\frac{\pi}{4},D(X)=D(Y)=\frac{\pi^2}{16}+\frac{\pi}{2}-2$

(3) $\rho_{XY}=\frac{8\pi-\pi^2-16}{\pi^2+8\pi-32}$

21. (1) $a=0.2,b=0.1,c=0.1$　(2)

Z	-2	-1	0	1	2
P	0.2	0.1	0.3	0.3	0.1

(3) 0.2

22. (1)

$Z=XY$	-5	-1	0	1
P	$\frac{1}{3}$	$\frac{1}{3}$	$\frac{2}{9}$	$\frac{1}{9}$

$,E(XY)=-\frac{17}{9}$　(2) $D(X)=\frac{56}{9},D(Y)=\frac{2}{3}$

(3) $\mathrm{Cov}(X,Y)=-\frac{10}{9},\rho_{XY}=\frac{5\sqrt{21}}{42}$　(4) X,Y 不相互独立

B 组

1. *方法* 1　由直观判断 $X+Y=n$,即 X 与 Y 之间存在线性函数关系,故 $\rho=-1$

方法 2　$\because X\sim b\left(n,\frac{1}{2}\right)$,$\therefore D(X)=npq=\frac{n}{4},D(Y)=D(n-X)=D(X)=\frac{n}{4},\mathrm{Cov}(X,Y)$
$=\mathrm{Cov}(X,n-X)=\mathrm{Cov}(X,n)-\mathrm{Cov}(X,X)=-\mathrm{Cov}(X,X)=-D(X)=-\frac{n}{4}$,$\therefore\ \rho=$
$\frac{\mathrm{Cov}(X,Y)}{\sqrt{D(X)}\sqrt{D(Y)}}=\frac{-D(X)}{\sqrt{D(X)}\sqrt{D(X)}}=-1$

2. $\mathrm{Cov}(X,Z)=\mathrm{Cov}(X,\alpha X+\sqrt{1-\alpha^2}Y)=\alpha\mathrm{Cov}(X,X)+\sqrt{1-\alpha^2}\mathrm{Cov}(X,Y)=\alpha D(X)=\alpha\sigma^2$,
$D(Z)=D(\alpha X+\sqrt{1-\alpha^2}Y)=\alpha^2D(X)+(1-\alpha^2)D(Y)=\alpha^2\sigma^2+(1-\alpha^2)\sigma^2=\sigma^2$,故 $\rho_{XZ}=$
$\frac{\mathrm{Cov}(X,Z)}{\sqrt{D(X)}\sqrt{D(Y)}}=\frac{\alpha\cdot\sigma^2}{\sigma\cdot\sigma}=\alpha$

3. $\because E(X)=\mu,E(Y)=\lambda^{-1}$,$\therefore E(X+Y)=E(X)+E(Y)=\mu+\lambda^{-1}$,$\therefore$ A 正确. 又 $E(X^2+Y^2)=E(X^2)+E(Y^2)=D(X)+[E(X)]^2+D(Y)+[E(Y)]^2=\sigma^2+\mu^2+\lambda^{-2}+\lambda^{-2}=\sigma^2+\mu^2+$

$2\lambda^{-2}$，∴ C正确. D显然成立. 但因 X,Y 不一定独立，∴ $D(X+Y)\neq D(X)+D(Y)=\sigma^2+\lambda^{-2}$，所以选 B.

4. 设 $Y=aX+b$，因为相关系数 $\rho_{XY}=1$，所以 X,Y 正相关，即有 $a>0$. 由于 $X\sim N(0,1)$，$Y\sim N(1,4)$，则 $E(Y)=E(aX+b)=aE(X)+b=b=1$，$D(Y)=D(aX+b)=a^2D(X)=a^2=4$，且 $a>0$，解得 $a=2,b=1$，故应选 D.

5. 设 $Z=UV$，则 $F(z)=P\{Z\leqslant z\}=P\{UV\leqslant Z\}=P\{\max\{X,Y\}\min\{X,Y\}\leqslant z\}=P\{XY\leqslant z\}$，即随机变量 Z 与 XY 是同分布的，所以 $E(Z)=E(XY)=E(X)E(Y)$，故选 B. 注：不管 X 和 Y 的大小关系如何，都有 $\max\{X,Y\}\min\{X,Y\}=XY$

6. ∵ X_1 在 $[0,6]$ 上服从均匀分布，故 $D(X_1)=\dfrac{(6-0)^2}{12}=3$. 又∵ $X_2\sim e\left(\dfrac{1}{2}\right)$，$X_3\sim\pi(3)$，∴ $D(X_2)=\dfrac{1}{\left(\frac{1}{2}\right)^2}=4$，$D(X_3)=3$. ∵ X_1,X_2,X_3 相互独立，根据方差的性质得 $D(Y)=D(X_1-2X_2+3X_3)=D(X_1)+4D(X_2)+9D(X_3)=3+4\times4+9\times3=46$

7. 引入随机变量 $X_i=\begin{cases}0, & \text{第 } i \text{ 站没有人下车,}\\ 1, & \text{第 } i \text{ 站有人下车,}\end{cases}$ $i=1,2,\cdots,10$，则 $X=\sum\limits_{i=1}^{10}X_i$. 由题意知任一旅客在第 i 站不下车的概率为 $\dfrac{9}{10}$，因此50位旅客均不在第 i 站下车的概率为 $\left(\dfrac{9}{10}\right)^{50}$，在第 i 站有人下车的概率为 $1-\left(\dfrac{9}{10}\right)^{50}$，即 $P\{X_i=0\}=\left(\dfrac{9}{10}\right)^{50}$，$P\{X_i=1\}=1-\left(\dfrac{9}{10}\right)^{50}$. 于是 $E(X_i)=1-\left(\dfrac{9}{10}\right)^{50}$，$D(X_i)=\left(\dfrac{9}{10}\right)^{50}\left[1-\left(\dfrac{9}{10}\right)^{50}\right]$. 故 $E(X)=\sum\limits_{i=1}^{10}E(X_i)=10\left[1-\left(\dfrac{9}{10}\right)^{50}\right]$ （∵ $X_i,X_j\,(i\neq j)$ 相互独立），∴ $D(X)=\sum\limits_{i=1}^{10}D(X_i)=10\left(\dfrac{9}{10}\right)^{50}\left[1-\left(\dfrac{9}{10}\right)^{50}\right]$

8. *方法1* ∵ $P\left\{X>\dfrac{\pi}{3}\right\}=\int_{\frac{\pi}{3}}^{\pi}\dfrac{1}{2}\cos\dfrac{x}{2}\mathrm{d}x=\dfrac{1}{2}$，∴ $Y\sim b\left(4,\dfrac{1}{2}\right)$，∴ $E(Y)=4\times\dfrac{1}{2}=2$，$D(Y)=4\times\dfrac{1}{2}\times\left(1-\dfrac{1}{2}\right)=1$，∴ $E(Y^2)=D(Y)+[E(Y)]^2=1+2^2=5$

方法2 由于 $P\left\{X>\dfrac{\pi}{3}\right\}=\int_{\frac{\pi}{3}}^{\pi}\dfrac{1}{2}\cos\dfrac{x}{2}\mathrm{d}x=\dfrac{1}{2}$，$Y\sim b\left(4,\dfrac{1}{2}\right)$，∴ Y 的概率分布为

Y	0	1	2	3	4
P	$\frac{1}{16}$	$\frac{4}{16}$	$\frac{6}{16}$	$\frac{4}{16}$	$\frac{1}{16}$

∴ $E(Y^2)=\dfrac{1}{16}(0\times1+1\times4+2^2\times6+3^2\times4+4^2\times1)=5$

9. (1) 由于 $P\{X=1,Y=1\}=\dfrac{1}{4}\times1=\dfrac{1}{4}$，$P\{X=2,Y=1\}=\dfrac{1}{4}\times\dfrac{1}{2}=\dfrac{1}{8}$（取定 $X=2$ 后，Y 只能在1,2两个值中任取一个，所以取定 $Y=1$ 的概率为 $\dfrac{1}{2}$）. $P\{X=2,Y=2\}=\dfrac{1}{4}\times\dfrac{1}{2}=\dfrac{1}{8}$，$P\{X=3,Y=1\}=\dfrac{1}{4}\times\dfrac{1}{3}=\dfrac{1}{12}$，$P\{X=3,Y=2\}=\dfrac{1}{4}\times\dfrac{1}{3}=\dfrac{1}{12}$，$P\{X=3,Y=3\}=\dfrac{1}{4}\times\dfrac{1}{3}=\dfrac{1}{12}$，

$P\{X=4,Y=1\}=\frac{1}{4}\times\frac{1}{4}=\frac{1}{16}$，$P\{X=4,Y=2\}=\frac{1}{4}\times\frac{1}{4}=\frac{1}{16}$，$P\{X=4,Y=3\}=\frac{1}{4}\times\frac{1}{4}=\frac{1}{16}$，

$P\{X=4,Y=4\}=\frac{1}{4}\times\frac{1}{4}=\frac{1}{16}$，所以$(X,Y)$的概率分布及关于$X,Y$的边缘分布为

$X \backslash Y$	1	2	3	4	$p_{i\cdot}$
1	$\frac{1}{4}$	0	0	0	$\frac{1}{4}$
2	$\frac{1}{8}$	$\frac{1}{8}$	0	0	$\frac{1}{4}$
3	$\frac{1}{12}$	$\frac{1}{12}$	$\frac{1}{12}$	0	$\frac{1}{4}$
4	$\frac{1}{16}$	$\frac{1}{16}$	$\frac{1}{16}$	$\frac{1}{16}$	$\frac{1}{4}$
$p_{\cdot j}$	$\frac{25}{48}$	$\frac{13}{48}$	$\frac{7}{48}$	$\frac{1}{16}$	1

(2) $E(X)=1\times\frac{1}{4}+2\times\frac{1}{4}+3\times\frac{1}{4}+4\times\frac{1}{4}=\frac{5}{2}$，$E(Y)=1\times\frac{25}{48}+2\times\frac{13}{48}+3\times\frac{7}{48}+4\times\frac{1}{16}=\frac{7}{4}$，

$D(X)=E(X^2)-[E(X)]^2=\left(1^2\times\frac{1}{4}+2^2\times\frac{1}{4}+3^2\times\frac{1}{4}+4^2\times\frac{1}{4}\right)-\left(\frac{5}{2}\right)^2=\frac{15}{2}-\frac{25}{4}=\frac{5}{4}$，

$D(Y)=E(Y^2)-[E(Y)]^2=\left(1^2\times\frac{25}{48}+2^2\times\frac{13}{48}+3^2\times\frac{7}{48}+4^2\times\frac{1}{16}\right)-\left(\frac{7}{4}\right)^2=\frac{47}{12}-\frac{49}{16}=\frac{41}{48}$.

由于XY的概率分布为

XY	1	2	3	4	6	8	9	12	16
P	$\frac{1}{4}$	$\frac{1}{8}$	$\frac{1}{12}$	$\frac{3}{16}$	$\frac{1}{12}$	$\frac{1}{16}$	$\frac{1}{12}$	$\frac{1}{16}$	$\frac{1}{16}$

所以$E(XY)=1\times\frac{1}{4}+2\times\frac{1}{8}+3\times\frac{1}{12}+4\times\frac{3}{16}+6\times\frac{1}{12}+8\times\frac{1}{16}+9\times\frac{1}{12}+12\times\frac{1}{16}+16\times\frac{1}{16}=5$. 因此$\mathrm{Cov}(X,Y)=E(XY)-E(X)E(Y)=5-\frac{5}{2}\times\frac{7}{4}=\frac{5}{8}$

(3) $\rho_{XY}=\frac{\mathrm{Cov}(X,Y)}{\sqrt{D(X)}\sqrt{D(Y)}}=\frac{\frac{5}{8}}{\sqrt{\frac{5}{4}}\times\sqrt{\frac{41}{48}}}=\frac{\sqrt{615}}{41}$

10. 设X,Y的边缘概率密度分别为$f_X(x)$，$f_Y(y)$，则$f_X(x)=\int_{-\infty}^{+\infty}f(x,y)\mathrm{d}y=$

$\begin{cases}\int_{-1}^{1}\frac{1}{4}(1-x^3y-xy^3)\mathrm{d}y, & -1<x<1,\\ 0, & \text{其他}\end{cases}=\begin{cases}\frac{1}{2}, & |x|<1,\\ 0, & \text{其他}.\end{cases}$

同理可得$f_Y(y)=\begin{cases}\frac{1}{2}, & |y|<1,\\ 0, & \text{其他}.\end{cases}$所以$E(X)=\int_{-\infty}^{+\infty}xf_X(x)\mathrm{d}x=\int_{-1}^{1}\frac{1}{2}x\mathrm{d}x=0$. 同理，

$E(Y)=0$. 又 $E(XY)=\int_{-\infty}^{+\infty}\int_{-\infty}^{+\infty}xyf(x,y)\mathrm{d}x\mathrm{d}y=\int_{-1}^{1}\left[\int_{-1}^{1}\frac{1}{4}xy(1-x^3y-xy^3)\mathrm{d}y\right]\mathrm{d}x$

$=\frac{1}{4}\int_{-1}^{1}\left(-\frac{2}{3}x^4-\frac{2}{5}x^2\right)\mathrm{d}x=\frac{1}{4}\left(-\frac{2}{15}x^5-\frac{2}{15}x^3\right)\Big|_{-1}^{1}=-\frac{2}{15}$，所以 $\mathrm{Cov}(X,Y)=E(XY)-E(X)E(Y)=-\frac{2}{15}-0=-\frac{2}{15}$. 由于 $\mathrm{Cov}(X,Y)=-\frac{2}{15}\neq 0$，所以 X,Y 不相互独立(或因为 $f_X(x)f_Y(y)\neq f(x,y)$，所以 X,Y 不相互独立)

11. *方法 1* X,Y 的概率密度分别为 $f_X(x)=\begin{cases}1, & 0\leqslant x\leqslant 1,\\ 0, & \text{其他},\end{cases}$ $f_Y(y)=\begin{cases}\frac{1}{2}, & 0\leqslant x\leqslant 2,\\ 0, & \text{其他}.\end{cases}$ X,Y 的分布函数分别为 $F_X(x)=\begin{cases}0, & x<0,\\ x, & 0\leqslant x<1,\\ 1, & x\geqslant 1,\end{cases}$ $F_Y(y)=\begin{cases}0, & x<0,\\ \frac{1}{2}y, & 0\leqslant x<2,\\ 1, & x\geqslant 2,\end{cases}$ 所以，由 X,Y 相互独立，得 M 的分布函数为 $F_M(z)=F_X(z)F_Y(z)=\begin{cases}0, & z<0,\\ \frac{1}{2}z^2, & 0\leqslant z<1,\\ \frac{1}{2}z, & 1\leqslant z<2,\\ 1, & z\geqslant 2.\end{cases}$ 从而 M 的概率密度为 $f_M(z)=\begin{cases}z, & 0\leqslant z<1,\\ \frac{1}{2}, & 1\leqslant z<2,\\ 0, & \text{其他}.\end{cases}$ 因此 $E(M)=\int_{-\infty}^{+\infty}zf_M(z)\mathrm{d}z=\int_0^1 z^2\mathrm{d}z+\int_1^2\frac{1}{2}z\mathrm{d}z=\frac{13}{12}$，$E(M^2)=\int_{-\infty}^{+\infty}z^2\cdot f_M(z)\mathrm{d}z=\int_0^1 z^3\mathrm{d}z+\int_1^2\frac{1}{2}z^2\mathrm{d}z=\frac{17}{12}$，$D(M)=E(M^2)-[E(M)]^2=\frac{17}{12}-\left(\frac{13}{12}\right)^2=\frac{35}{144}$. 由于 X,Y 相互独立，得 N 的分布函数为 $F_N(z)=1-[1-F_X(z)][1-F_Y(z)]=\begin{cases}0, & z<0,\\ \frac{3}{2}z-\frac{1}{2}z^2, & 0\leqslant z<1,\\ 1, & z\geqslant 1.\end{cases}$ 从而 N 的概率密度为 $f_N(z)=\begin{cases}\frac{3}{2}-z, & 0\leqslant z<1,\\ 0, & \text{其他}.\end{cases}$ $\therefore E(N)=\int_{-\infty}^{+\infty}zf_N(z)\mathrm{d}z=\int_0^1\left(\frac{3}{2}z-z^2\right)\mathrm{d}z=\frac{5}{12}$，$E(N^2)=\int_0^1\left(\frac{3}{2}z^2-z^3\right)\mathrm{d}z=\frac{1}{4}$，$D(N)=E(N^2)-E^2(N)=\frac{1}{4}-\left(\frac{5}{12}\right)^2=\frac{11}{144}$

方法 2 由已知得 $f(x,y)=\begin{cases}\frac{1}{2}, & 0\leqslant x\leqslant 1, 0\leqslant y\leqslant 2,\\ 0, & \text{其他},\end{cases}$ $\therefore E(M)=\int_{-\infty}^{+\infty}\int_{-\infty}^{+\infty}\max\{X,Y\}f(x,y)\mathrm{d}x\mathrm{d}y=\int_0^1\mathrm{d}x\int_x^2 y\cdot\frac{1}{2}\mathrm{d}y+\int_0^1\mathrm{d}x\int_0^x\frac{x}{2}\mathrm{d}y=\frac{13}{12}$，$E(M^2)=\int_0^1\mathrm{d}x\int_x^2\frac{y^2}{2}\mathrm{d}y+\int_0^1\mathrm{d}x\int_0^x\frac{x^2}{2}\mathrm{d}y$

$=\frac{17}{12}$，$\therefore D(M)=E(M^2)-E^2(M)=\frac{17}{12}-\left(\frac{13}{12}\right)^2=\frac{35}{144}$. 类似地，$E(N)=\int_0^1 dx\int_x^2 \frac{x}{2}dy+\int_0^1 dx\int_0^x y\cdot\frac{1}{2}dy=\frac{5}{12}$，$E(N^2)=\int_0^1 dx\int_x^2 \frac{x^2}{2}dy+\int_0^1 dx\int_0^x \frac{y^2}{2}dy=\frac{1}{4}$，$\therefore D(N)=E(N^2)-E^2(N)=\frac{11}{144}$

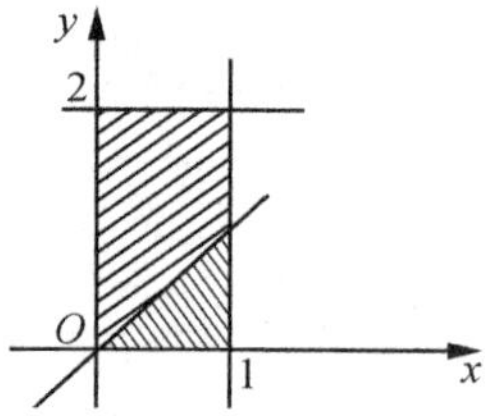

12. 由 $f_X(x)=\int_{-\infty}^{+\infty}f(x,y)dy=\begin{cases}\int_0^2 \frac{x+y}{8}dy, & 0\leqslant x\leqslant 2,\\ 0, & \text{其他}\end{cases}=\begin{cases}\frac{1}{4}x+\frac{1}{4}, & 0\leqslant x\leqslant 2,\\ 0, & \text{其他}.\end{cases}$

类似地，$f_Y(y)=\begin{cases}\frac{1}{4}y+\frac{1}{4}, & 0\leqslant y\leqslant 2,\\ 0, & \text{其他}.\end{cases}$ $\therefore E(X)=\int_{-\infty}^{+\infty}xf_X(x)dx=\int_0^2 x\left(\frac{1}{4}x+\frac{1}{4}\right)dx=\frac{7}{6}$，$E(Y)=\int_{-\infty}^{+\infty}yf_Y(y)dy=\int_0^2\frac{1}{4}y(y+1)dy=\frac{7}{6}$，$E(X^2)=\int_{-\infty}^{+\infty}x^2f_X(x)dx=\int_0^2\frac{1}{4}x^2(x+1)dx=\frac{5}{3}$，$E(Y^2)=\int_{-\infty}^{+\infty}y^2f_Y(y)dy=\int_0^2 y^2\left(\frac{1}{4}y+\frac{1}{4}\right)dy=\frac{5}{3}$. 所以 $D(X)=E(X^2)-[E(X)]^2=\frac{11}{36}$，$D(Y)=\frac{11}{36}$. 因为 $E(XY)=\int_{-\infty}^{+\infty}\int_{-\infty}^{+\infty}xyf(x,y)dxdy=\int_0^2\left(\int_0^2\frac{x^2y+xy^2}{8}dx\right)dy=\frac{4}{3}$，所以 $\mathrm{Cov}(X,2Y)=2\mathrm{Cov}(X,Y)=2[E(XY)-E(X)E(Y)]=2\left(\frac{4}{3}-\frac{7}{6}\times\frac{7}{6}\right)=-\frac{1}{18}$，因此 $D(U)=D(X+2Y)=D(X)+D(2Y)+\mathrm{Cov}(X,2Y)=\frac{11}{36}+4\times\frac{11}{36}+\left(-\frac{1}{18}\right)=\frac{53}{36}$，$D(V)=D(-X)=D(X)=\frac{11}{36}$. $\because E(UV)=E[-X(X+2Y)]=E(-X^2-2XY)=-E(X^2)-2E(XY)=-\frac{5}{3}-2\times\frac{4}{3}=-\frac{13}{3}$. 又 $E(U)=E(X+2Y)=E(X)+2E(Y)=\frac{7}{6}+2\times\frac{7}{6}=\frac{7}{2}$，$E(V)=E(-X)=-E(X)=-\frac{7}{6}$，$\therefore \mathrm{Cov}(U,V)=E(UV)-E(U)E(V)=-\frac{13}{3}-\frac{7}{2}\times\left(-\frac{7}{6}\right)=-\frac{1}{4}$，$\therefore \rho_{UV}=$

$$\frac{\mathrm{Cov}(U,V)}{\sqrt{D(U)}\sqrt{D(V)}}=\frac{-\frac{1}{4}}{\sqrt{\frac{53}{36}}\times\sqrt{\frac{11}{36}}}=-\frac{9}{\sqrt{583}}\approx-0.3727$$

13. *方法1* 用卷积公式. 由于 (X,Y) 在正方形区域 $D=\{(x,y)\mid 0\leqslant x\leqslant 1,0\leqslant y\leqslant 1\}$ 上服从均匀分布，所以 $f(x,y)=\begin{cases}1, & 0\leqslant x\leqslant 1,0\leqslant y\leqslant 1,\\ 0, & \text{其他},\end{cases}$

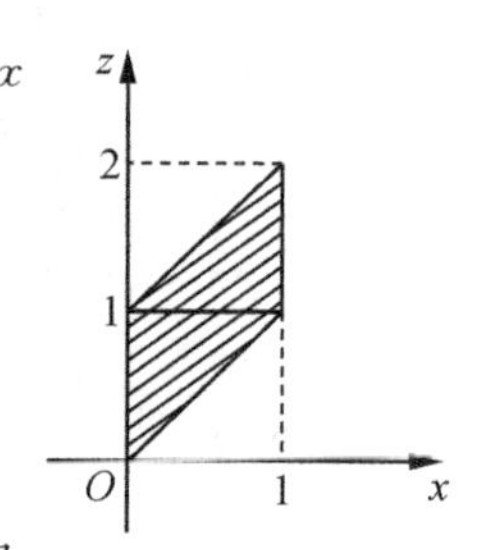

$f_X(x)=\begin{cases}1, & 0\leqslant x\leqslant 1,\\ 0, & \text{其他},\end{cases}$ $f_Y(y)=\begin{cases}1, & 0\leqslant y\leqslant 1,\\ 0, & \text{其他}.\end{cases}$

由于 $f(x,y)=f_X(x)f_Y(y)$，故 X,Y 相互独立，此时卷积公式为 $f_Z(z)=\int_{-\infty}^{+\infty}f_X(x)f_Y(z-x)dx$. $Z=X+Y$ 可在区间 $[0,2]$ 上取值，且

使卷积公式中被积函数大于0的区域必须是$\{0\leqslant x\leqslant 1\}$与$\{0\leqslant z-x\leqslant 1\}$的交集，如图中阴影部分所示. 当$0\leqslant z\leqslant 1$时，$f_Z(z)=\int_0^z 1\mathrm{d}x=z$；当$1<z\leqslant 2$时，$f_Z(z)=\int_{z-1}^1 \mathrm{d}x=2-z$. 故$Z$的概率密度函数为$f_Z(z)=\begin{cases}z, & 0\leqslant z\leqslant 1,\\ 2-z, & 1<z\leqslant 2,\\ 0, & \text{其他}\end{cases}$

方法2　分布函数法. $F_Z(z)=P\{Z\leqslant z\}=P\{X+Y\leqslant z\}=\iint\limits_{x+y\leqslant z} f(x,y)\mathrm{d}x\mathrm{d}y$. 当$z<0$时，$F_Z(z)=0$；当$0\leqslant z<1$时，$F_Z(z)=\int_0^z\mathrm{d}x\int_0^{z-x}\mathrm{d}y=\int_0^z(z-x)\mathrm{d}x=\frac{1}{2}z^2$；当$1\leqslant z\leqslant 2$时，$F_Z(z)=\int_0^1\mathrm{d}y\int_0^{z-1}\mathrm{d}x+\int_{z-1}^1\mathrm{d}x\int_0^{z-x}\mathrm{d}y=\int_0^1(z-1)\mathrm{d}y+\int_{z-1}^1(z-x)\mathrm{d}x=(z-1)+\left(zx-\frac{1}{2}x^2\right)\Big|_{z-1}^1=2z-\frac{1}{2}z^2-1$

或$F_Z(z)=1-\int_{z-1}^1\mathrm{d}x\int_{z-x}^1\mathrm{d}y=1-\int_{z-1}^1(1-z+x)\mathrm{d}x=2z-\frac{1}{2}z^2-1$；

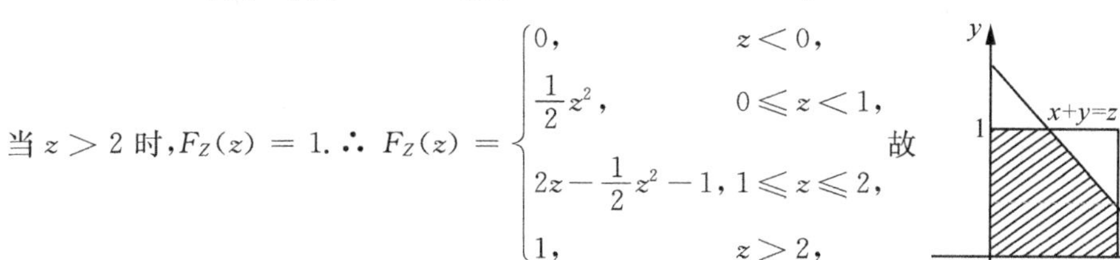

当$z>2$时，$F_Z(z)=1$. ∴ $F_Z(z)=\begin{cases}0, & z<0,\\ \frac{1}{2}z^2, & 0\leqslant z<1,\\ 2z-\frac{1}{2}z^2-1, & 1\leqslant z\leqslant 2,\\ 1, & z>2,\end{cases}$ 故

$f_Z(z)=F_Z'(z)=\begin{cases}z, & 0\leqslant z<1,\\ 2-z, & 1\leqslant z\leqslant 2,\\ 0, & \text{其他}.\end{cases}$ $E(Z)=\int_{-\infty}^{+\infty}zf_Z(z)\mathrm{d}z=\int_0^1 z^2\mathrm{d}z+\int_1^2 z(2-z)\mathrm{d}z=1$，$E(Z^2)=\int_{-\infty}^{+\infty}z^2f_Z(z)\mathrm{d}z=\frac{7}{6}$，$D(Z)=E(Z^2)-[E(Z)]^2=\frac{1}{6}$.

或因$E(X)=E(Y)=\frac{1}{2}$，$D(X)=D(Y)=\frac{1}{12}$，而X与Y相互独立，所以$E(Z)=E(X+Y)=E(X)+E(Y)=1$，$D(Z)=D(X+Y)=D(X)+D(Y)=\frac{1}{6}$

14. (1) $E(XY)=\int_{-\infty}^{+\infty}\int_{-\infty}^{+\infty}xyf(x,y)\mathrm{d}x\mathrm{d}y=\int_0^1\left(\int_0^y 15x^3y^2\mathrm{d}x\right)\mathrm{d}y=\int_0^1\frac{15}{4}y^6\mathrm{d}y=\frac{15}{28}y^7\Big|_0^1=\frac{15}{28}$　(2) $f_X(x)=\int_{-\infty}^{+\infty}f(x,y)\mathrm{d}y=\begin{cases}\int_x^1 15x^2y\mathrm{d}y, & 0\leqslant x\leqslant 1,\\ 0, & \text{其他}\end{cases}=\begin{cases}\frac{15}{2}x^2(1-x^2), & 0\leqslant x\leqslant 1,\\ 0, & \text{其他}.\end{cases}$

$E(X)=\int_{-\infty}^{+\infty}xf_X(x)\mathrm{d}x=\int_0^1\frac{15}{2}x^3(1-x^2)\mathrm{d}x=\frac{5}{8}$，$E(X^2)=\int_0^1\frac{15}{2}x^4(1-x^2)\mathrm{d}x=\frac{3}{7}$，$D(X)$

$=E(X^2)-[E(X)]^2=\frac{3}{7}-\left(\frac{5}{8}\right)^2=\frac{17}{448}$. $f_Y(y)=\int_{-\infty}^{+\infty}f(x,y)\mathrm{d}y=\begin{cases}\int_0^y 15x^2y\mathrm{d}x, & 0\leqslant y\leqslant 1,\\ 0, & \text{其他}\end{cases}$

$=\begin{cases}5y^4, & 0\leqslant y\leqslant 1,\\ 0, & \text{其他.}\end{cases}$ $E(Y)=\int_{-\infty}^{+\infty}yf_Y(y)\mathrm{d}y=\int_0^1 y\cdot 5y^4\mathrm{d}y=\frac{5}{6}$, $E(Y^2)=\int_{-\infty}^{+\infty}y^2f_Y(y)\mathrm{d}y=$ $\int_0^1 y^2\cdot 5y^4\mathrm{d}y=\frac{5}{7}$, $D(Y)=E(Y^2)-[E(Y)]^2=\frac{5}{7}-\left(\frac{5}{6}\right)^2=\frac{5}{252}$ (3) $\mathrm{Cov}(X,Y)=E(XY)$ $-E(X)E(Y)=\frac{15}{28}-\frac{5}{8}\times\frac{5}{6}=\frac{5}{336}$, $\rho_{XY}=\frac{\mathrm{Cov}(X,Y)}{\sqrt{D(X)}\sqrt{D(Y)}}=\frac{\frac{5}{336}}{\sqrt{\frac{17}{448}}\times\sqrt{\frac{5}{252}}}=\frac{\sqrt{85}}{17}$

15. (1) 设事件 $A_i=\{$抽到 i 等品$\}$, $i=1,2,3$. 由题意知 A_1,A_2,A_3 互不相容, $P(A_1)=0.8$, $P(A_2)=0.1$, $P(A_3)=0.1$, 易见 $P\{X_1=0,X_2=0\}=P(A_3)=0.1$, $P\{X_1=0,X_2=1\}=P(A_2)=0.1$, $P\{X_1=1,X_2=0\}=P(A_1)=0.8$, $P\{X_1=1,X_2=1\}=P(\varnothing)=0$

(2) $E(X_1)=0.8$, $E(X_2)=0.1$, $D(X_1)=0.8\times 0.2=0.16$, $D(X_2)=0.1\times 0.9=0.09$, $E(X_1X_2)=0\times 0\times 0.1+0\times 1\times 0.1+1\times 0\times 0.8+1\times 1\times 0=0$, $\mathrm{Cov}(X_1,X_2)=E(X_1X_2)-E(X_1)E(X_2)=0-0.8\times 0.1=-0.08$, $\rho_{XY}=\frac{\mathrm{Cov}(X_2,X_2)}{\sqrt{D(X_1)}\sqrt{D(X_2)}}=-\frac{0.08}{\sqrt{0.16}\times\sqrt{0.09}}=-\frac{2}{3}$

16. (1) Y 的分布函数为 $F_Y(y)=P\{Y\leqslant y\}=P\{X^2\leqslant y\}$. ① 当 $y\leqslant 0$ 时, $F_Y(y)=0$, $f_Y(y)=0$; ② 当 $0<y<1$ 时, $F_Y(y)=P\{-\sqrt{y}\leqslant X\leqslant\sqrt{y}\}=P\{-\sqrt{y}\leqslant X<0\}+P\{0\leqslant X\leqslant\sqrt{y}\}=\frac{3}{4}\sqrt{y}$, $f_Y(y)=\frac{3}{8\sqrt{y}}$; ③ 当 $1\leqslant y<4$ 时, $F_Y(y)=P\{-1\leqslant X<0\}+P\{0\leqslant X\leqslant\sqrt{y}\}=\frac{1}{2}+\frac{1}{4}\sqrt{y}$, $f_Y(y)=\frac{1}{8\sqrt{y}}$; ④ 当 $y\geqslant 4$ 时, $F_Y(y)=1$, $f_Y(y)=0$. 故 Y 的概率密度为 $f_Y(y)$

$$=\begin{cases}\frac{3}{8\sqrt{y}}, & 0<y<1,\\ \frac{1}{8\sqrt{y}}, & 1\leqslant y<4,\\ 0, & \text{其他}\end{cases}$$

(2) $E(X)=\int_{-\infty}^{+\infty}xf_X(x)\mathrm{d}x=\int_{-1}^0\frac{1}{2}x\mathrm{d}x+\int_0^2\frac{1}{4}x\mathrm{d}x=\frac{1}{4}$, $E(Y)=E(X^2)=\int_{-\infty}^{+\infty}x^2f_X(x)\mathrm{d}x=\int_{-1}^0\frac{1}{2}x^2\mathrm{d}x+\int_0^2\frac{1}{4}x^2\mathrm{d}x=\frac{5}{6}$, $E(XY)=E(X^3)=\int_{-\infty}^{+\infty}x^3f_X(x)\mathrm{d}x=\int_{-1}^0\frac{1}{2}x^3\mathrm{d}x+\int_0^2\frac{1}{4}x^3\mathrm{d}x=\frac{7}{8}$, 故 $\mathrm{Cov}(X,Y)=E(XY)-E(X)E(Y)=\frac{2}{3}$

(3) $F\left(-\frac{1}{2},4\right)=P\left\{X\leqslant-\frac{1}{2},Y\leqslant 4\right\}=P\left\{X\leqslant-\frac{1}{2},X^2\leqslant 4\right\}=P\left\{X\leqslant-\frac{1}{2},-2\leqslant X\leqslant 2\right\}$ $=P\left\{-2\leqslant X\leqslant-\frac{1}{2}\right\}=P\left\{-1\leqslant X\leqslant-\frac{1}{2}\right\}=\frac{1}{4}$

第5章 大数定律及中心极限定理

A组

1. $\frac{6}{25}$ **2.** $\Phi(b)-\Phi(a)$ 或 $\int_a^b \frac{1}{\sqrt{2\pi}}e^{-\frac{x^2}{2}}dx$ **3.** $\frac{4}{9}$ **4.** C **5.** B **6.** $\frac{1}{12}$ **7.** 0.0228

8. 0.0062 **9.** $n\approx 163$

B组

1. 设 X 表示“在1000次独立重复试验中事件 A 发生的次数”，则 $X\sim b(1000,0.5)$，于是 $E(X)=p=1000\times 0.5=500$，$D(X)=np(1-p)=1000\times 0.5\times 0.5=250$，则由 $400<X<600$ 可得 $400-E(X)<X-E(X)<600-E(X)$，即 $|X-500|<100$，于是，取 $\varepsilon=100$，有 $P\{400<X<600\}=P\{|X-500|<100\}\geqslant 1-\frac{\sigma^2}{\varepsilon^2}=1-\frac{250}{100^2}=\frac{39}{40}$

2. 设 X 为“投保的10000人中一年内死亡的人数”，则 $X\sim b(10000,0.006)$，$E(X)=10000\times 0.006=60$，$D(X)=10000\times 0.006\times(1-0.006)=59.64$.

(1) 设保险公司的利润为 Y，则 $Y=10000\times 12-1000X=0$，故 $X=120$. 由泊松定理得 $P\{X=120\}=\frac{60^{120}}{120!}e^{-60}\approx 0$

(2) $P\{Y\geqslant 60000\}=P\{10000\times 12-1000X\geqslant 60000\}=P\{0\leqslant X\leqslant 60\}=P\left\{\frac{0-60}{\sqrt{59.64}}\leqslant\frac{X-60}{\sqrt{59.64}}\leqslant\frac{60-60}{\sqrt{59.64}}\right\}=\Phi(0)-\Phi\left(\frac{-60}{\sqrt{59.64}}\right)=0.5$

3. 设第 k 个加数的舍入误差为 $X_k(k=1,2,\cdots,1500)$，已知 X_k 在 $(-0.5,0.5)$ 上服从均匀分布，故 $E(X_k)=0$，$D(X_k)=\frac{1}{12}$.

(1) 记 $X=\sum_{k=1}^{1500}X_k$，由独立同分布的中心极限定理知，当 n 充分大时有近似公式 $P\left\{\frac{\sum_{k=1}^{1500}X_k-1500\times 0}{\sqrt{1500}\cdot\sqrt{\frac{1}{2}}}\leqslant x\right\}\approx\Phi(x)$，于是 $P\{|X|>15\}=1-P\{|X|\leqslant 15\}=1-P\{-15\leqslant X\leqslant 15\}=1-P\left\{\frac{-15-0}{\sqrt{1500}\cdot\sqrt{\frac{1}{12}}}\leqslant\frac{X-0}{\sqrt{1500}\cdot\sqrt{\frac{1}{12}}}\leqslant\frac{15-0}{\sqrt{1500}\cdot\sqrt{\frac{1}{12}}}\right\}$

$\approx 1-\left[\Phi\left(\frac{15}{\sqrt{1500}\cdot\sqrt{\frac{1}{12}}}\right)-\Phi\left(\frac{-15}{\sqrt{1500}\cdot\sqrt{\frac{1}{12}}}\right)\right]=1-\left[2\Phi\left(\frac{15}{\sqrt{\frac{1500}{12}}}\right)-1\right]=1-[2\Phi(1.342)-1]=2(1-0.9099)=0.1802$，即误差总和的绝对值超过15的概率的为0.1802

(2) 设最多有 n 个数相加，使误差总和 $Y=\sum_{i=1}^{n}X_k$ 符合要求，即要确定 n，使 $P\{|Y|<10\}\geqslant 0.90$. 由独立同分布的中心极限定理知当 n 充分大时有 $P\left\{\dfrac{Y-0}{\sqrt{n}\cdot\sqrt{\dfrac{1}{12}}}\leqslant x\right\}\approx\Phi(x)$，于是 $P\{|Y|<10\}=P\{-10<Y<10\}=P\left\{\dfrac{-10}{\sqrt{n}\cdot\sqrt{\dfrac{1}{12}}}<\dfrac{Y}{\sqrt{n}\cdot\sqrt{\dfrac{1}{12}}}<\dfrac{10}{\sqrt{n}\cdot\sqrt{\dfrac{1}{12}}}\right\}\approx\Phi\left(\dfrac{10}{\sqrt{\dfrac{n}{12}}}\right)-\Phi\left(\dfrac{-10}{\sqrt{\dfrac{n}{12}}}\right)=2\Phi\left(\dfrac{10}{\sqrt{\dfrac{n}{12}}}\right)-1$，因而 n 需满足 $2\Phi\left(\dfrac{10}{\sqrt{\dfrac{n}{12}}}\right)-1\geqslant 0.90$，即 $\Phi\left(\dfrac{10}{\sqrt{\dfrac{n}{12}}}\right)\geqslant 0.95=\Phi(1.645)$，即 n 应满足 $\dfrac{10}{\sqrt{\dfrac{n}{12}}}\geqslant 1.645$，由此得 $n\leqslant 443.45$. 因为 n 为正整数，因而所求的 n 为 443，故最多只能有 443 个数加在一起，才能使得误差总和的绝对值小于 10 的概率不小于 0.90

4. (1) 易知 $X\sim b(100,0.2)$，$P\{X=k\}=C_{100}^{k}(0.2)^k(0.8)^{100-k}(k=0,1,2,\cdots,100)$

(2) $E(X)=np=100\times0.2=20$，$D(X)=np(1-p)=100\times0.2\times0.8=16$，所求概率为 $P\{14<X<30\}=\Phi\left(\dfrac{30-20}{4}\right)-\Phi\left(\dfrac{14-20}{4}\right)=\Phi(2.5)-\Phi(-1.5)=\Phi(2.5)+\Phi(1.5)-1=0.994+0.933-1=0.927$

5. 设故障的台数为 X，则 $X\sim b(400,0.02)$，$E(X)=8$，$D(X)=7.84$，$\sqrt{D(X)}=2.8$. 由中心极限定理有 $P\{X\geqslant2\}=1-P\{X<2\}=1-P\left\{\dfrac{X-8}{2.8}\leqslant\dfrac{2-8}{2.8}\right\}=1-\Phi(-2.1429)\approx0.9842$

6. $X_i(i=1,2,\cdots,n)$ 是“装运的第 i 箱的重量”，n 是所求的箱数. 由条件知可把 $X_1,X_2,\cdots,X_n$ 视为独立同分布的. $T_n=X_1+X_2+\cdots+X_n$，$E(X_i)=50$，$\sqrt{D(X_i)}=5$，$E(T_n)=50n$，$\sqrt{D(T_n)}=5\sqrt{n}$. 由中心极限定理知 $T_n\sim N(50n,25n)$，$P\{T_n\leqslant5000\}=P\left\{\dfrac{T_n-50n}{5\sqrt{n}}\leqslant\dfrac{5000-50n}{5\sqrt{n}}\right\}\approx\Phi\left(\dfrac{1000-10n}{\sqrt{n}}\right)>0.977=\Phi(2)$，故 $\dfrac{1000-10n}{\sqrt{n}}>2$，解得 $n<98.0199$，即最多可装 98 箱

7. 设共调查 n 个对象，记 $X_i=\begin{cases}1, & \text{第 } i \text{ 个调查对象收看此电视节目,}\\ 0, & \text{第 } i \text{ 个调查对象不看此电视节目,}\end{cases}$ 则 X_i 独立同分布，且 $P\{X_i=1\}=p$，$P\{X_i=0\}=1-p(i=1,2,\cdots,n)$. 设 n 个被调查对象中收看此电视节目的总人数为 Y_n，则 $Y_n=\sum_{i=1}^{n}X_i\sim b(n,p)$. 由大数定律知，当 n 很大时，频率 $\dfrac{Y_n}{n}$ 与概率 p 很接近，即用频率去估计 p 是合适的，由题意知 $P\left\{\left|\dfrac{1}{n}\sum_{i=1}^{n}X_i-p\right|<0.05\right\}\approx2\Phi\left(0.05\sqrt{\dfrac{n}{p(1-p)}}-1\right)\geqslant$

$0.90, n \geqslant p(1-p)\frac{1.642^2}{0.05^2} = p(1-p) \times 1082.41$，又因为 $p(1-p) \leqslant 0.25$，所以 $n \geqslant 270.6$，即至少调查 271 个对象

8. 由于 $X_1, X_2, \cdots, X_{100}$ 独立同分布，故 $E(\overline{X}) = E(X_1) = \mu, D(\overline{X}) = \frac{1}{100^2}\sum_{i=1}^{100} D(X_i) = \frac{16}{100} = 0.16$. 由契比雪夫不等式，取 $\varepsilon = 1, P\{|\overline{X} - \mu| \leqslant 1\} \geqslant 1 - \frac{0.16}{1^2} = 0.84$，由中心极限定理知

$$P\{|\overline{X} - \mu| \leqslant 1\} = P\left\{\left|\frac{\overline{X} - \mu}{\sqrt{D(\overline{X})}}\right| \leqslant \frac{1}{\sqrt{D(\overline{X})}}\right\} \approx 2\Phi\left(\frac{1}{0.4}\right) - 1 = 2\Phi(2.5) - 1 = 0.9876$$

第 6 章　样本及抽样分布

A 组

1. (1) 是　(2) 是　(3) 不是　(4) 是　**2.** 0.9772　**3.** 0.9746　**4.** 0.01　**5.** (1) 0.99　(2) $\frac{2\sigma^4}{n-1}$　**6.** 略

B 组

1. 略　**2.** λ　**3.** (1) $\frac{2\sigma^4}{n-1}$　(2) 2.01

4. 提示：先求分布函数，$f(y) = \begin{cases} \frac{4(y-a)}{(b-a)^2}, & a < y \leqslant \frac{a+b}{2}, \\ \frac{4(b-y)}{(b-a)^2}, & \frac{a+b}{2} < y < b, \\ 0, & \text{其他} \end{cases}$

5. 提示：利用 $P\{X_{(1)} = k\} = P\{X_1 \geqslant k, \cdots, X_n \geqslant k\} - P\{X_1 \geqslant k+1, \cdots, X_n \geqslant k+1\}$，$P\{X_{(n)} = k\} = P\{X_1 \leqslant k, \cdots, X_n \leqslant k\} - P\{X_1 \leqslant k-1, \cdots, X_n \leqslant k-1\}$.

(1) $P\{X_{(1)} = k\} = (1-p)^{(k-1)n} - (1-p)^{kn}, k = 1, 2, \cdots$

(2) $P\{X_{(n)} = k\} = [1-(1-p)^k]^n - [1-(1-p)^{k-1}]^n, k = 1, 2, \cdots$

6. $X_{n+1} - \overline{X} \sim N\left(0, \frac{n+1}{n}\sigma^2\right), (n-1)\frac{S^2}{\sigma^2} \sim \chi^2(n-1), \frac{X_{n+1} - \overline{X}}{\sqrt{\frac{n+1}{n}}\sigma} \sim N(0,1), \frac{\frac{X_{n+1} - \overline{X}}{\sqrt{\frac{n+1}{n}}\sigma}}{\sqrt{\frac{\frac{(n-1)S^2}{\sigma^2}}{n-1}}} = \frac{X_{n+1} - \overline{X}}{S}\sqrt{\frac{n}{n+1}} \sim t(n-1), t(n-1)$　**7.** $t(n)$

第7章 参数估计

A组

1. $\hat{\theta}_1=\overline{X}-\sqrt{3B_2}$，$\hat{\theta}_2=\overline{X}+\sqrt{3B_2}$ **2.** $\hat{\mu}=\overline{X}$，$\hat{\mu}=\overline{x}=2809$ $\hat{\sigma}^2=S^2$，$\hat{\sigma}^2=s^2=1508.5456$

3. $\hat{p}=\dfrac{\overline{X}}{n}$ **4.** $\hat{\lambda}_{量}=\dfrac{8}{\sum\limits_{i=1}^{4}(X_i-10)^2}$，$\hat{\lambda}_{值}\approx 0.005333$

5. μ 的一个置信水平为95%的置信区间为(1500±14.31)，σ^2 的一个置信水平为95%的置信区间为(189.24,1333.33)

6. (111.75,113.85)，(0.536,6.257)

7. (1) $\hat{\mu}=2.02(\times 10^{-6})$ (2) (1.94,2.10) (3) (1.90,2.14)

8. (−0.001,0.005) **9.** (0.222,3.601)

B组

1. 提示：θ 与 $E(X)$ 关系复杂，需要求 $E(X)^2$，$\hat{\theta}=1-\dfrac{n\overline{X}}{\sum\limits_{i=1}^{n}X_i^2}$

2. $\hat{\theta}_{矩}=\dfrac{2\overline{X}-1}{1-\overline{X}}$，$\hat{\theta}_{最大}=-1-\dfrac{n}{\sum\limits_{i=1}^{n}\ln X_i}$

3. 提示：令似然函数的导数为0解不出 θ 的估计量，根据最大似然估计的思想方法求解，$\hat{\theta}=\min\{X_1,X_2,\cdots,X_n\}$

4. (1) $b=E(X)=E(e^Y)=e^{\mu+\frac{1}{2}}$ (2) (−0.98,0.98) (3) $(e^{-0.48},e^{1.48})$

5. 提示：设 s 条中有标记的条数为 X. N 应使 $P\{X=t\}$ 取最大值，构造似然函数后估计 N，则 $\hat{N}\approx\dfrac{rs}{t}$

6. (0.009689,0.1132) **7.** (0.6649,5.3351)

8. (1) 先求 $Z=\dfrac{2X}{\theta}\sim\chi^2(2)$ (2) $\underline{\theta}=\dfrac{2n\overline{X}}{\chi^2_{0.1}(2n)}$ (3) $\underline{\theta}=3764.71$

第8章 假设检验

A组

1. 拒绝 H_0 **2.** 接受 H_0 **3.** 有显著差异 **4.** 有显著降低 **5.** (1) 拒绝 H_0 (2) 拒绝 H_0 **6.** 速度有显著差异，均匀性方面无显著差异 **7.** 无显著差异 **8.** 有显著差异

B组

1. (1) 接受 H_0 (2) (61.4248,71.5735) (3) 接受 H_0 **2.** 拒绝 H_0

3. 提示：$H_0: \sigma_1^2 = \frac{2}{3}\sigma_2^2$，接受 H_0

4. (1) $\alpha_1 = P\{V_1 | H_0\} = 0.05$，$\beta_1 = P\{V_1 | H_1\} = 0.0885$　(2) $\alpha_2 = P\{V_2 | H_0\} = 0.05$，$\beta_2 = P\{V_2 | H_1\} = 0.9995$

5. 提示：先检验方差相等. (1) $H_0: \sigma_1^2 = \sigma_2^2$，接受 H_0　(2) $H_0: \mu_1 = \mu_2$，接受 H_0

综合练习一

一、**1.** 0　**2.** 二项　**3.** $\frac{67}{256}$　**4.** 46　**5.** $\frac{1}{\mathrm{e}}$　**6.** 0

二、**1.** B　**2.** A　**3.** A　**4.** C　**5.** D　**6.** B

三、**1.** (1) 0.67　(2) 0.6　(3) 0.26　**2.** 11.5%

3. (1) $\alpha = 0.94$　(2) $\beta \approx 0.85$　**4.** (1) 12　(2) 0.0272

5. (1) $f_X(x) = \begin{cases} 2x^2 + \frac{2}{3}x, & 0 \leqslant x \leqslant 1, \\ 0, & \text{其他}, \end{cases}$ $f_Y(y) = \begin{cases} \frac{1}{3} + \frac{y}{6}, & 0 \leqslant y \leqslant 2, \\ 0, & \text{其他} \end{cases}$

(2) $F(x,y) = \begin{cases} 0, & x \leqslant 0 \text{ 或 } y \leqslant 0, \\ \frac{1}{3}x^2 y\left(x + \frac{1}{4}\right), & 0 < x \leqslant 1, 0 < y \leqslant 2, \\ \frac{1}{3}x^2(2x+1), & 0 < x \leqslant 1, y > 2, \\ \frac{1}{12}y(4+y), & x > 1, 0 < y \leqslant 2, \\ 1, & x > 1, y > 2 \end{cases}$　(3) $\frac{65}{72}$　(4) 不独立

6. (1) (21.58, 22.10)　(2) (21.29, 22.39)

7. (1) 拒绝 H_0　(2) 接受 H_0　**8.** $H_0: \mu_1 = \mu_2$，接受 H_0

综合练习二

一、**1.** $\frac{4}{5}$　**2.** $P\{X=k\} = \left(\frac{k}{6}\right)^n - \left(\frac{k-1}{6}\right)^n, k = 1, 2, \cdots, 6$　**3.** 1　**4.** F，(6, 8)

5. $\frac{(n-1)S^2}{\sigma_0^2}$，$n-1$，$\chi^2$

二、**1.** B　**2.** B　**3.** B　**4.** C　**5.** A

三、**1.** $\frac{61}{90}$　**2.** $Y \sim b(4, \mathrm{e}^{-2})$　$P\{Y \leqslant 3\} = 1 - \mathrm{e}^{-8}$

3. $E(X) = \frac{4}{7}$　$D(X) = \frac{33}{49}$

4. $P\{X \leqslant 400 \times 0.8\} = \Phi(0.144) \approx 0.577$

5. (1) $A=1$ (2) $f_X(x)=\begin{cases} xe^{-x}, & x>0, \\ 0, & x\leqslant 0 \end{cases}$

6. (1) $\hat{\lambda}=\frac{1}{n}\sum_{i=1}^{n}X_i$ (2) $\hat{\lambda}=15$

7. $H_0:\sigma^2=1.2^2$,拒绝 H_0,因而这天的细纱均匀度有显著变化

8. $H_0:\mu=\mu_0=500$,接受 H_0;$H_0:\sigma\leqslant\sigma_0=10$,拒绝 H_0

综合练习三

一、**1.** $\frac{1}{4}$ **2.** $e^{-\frac{1}{2}}$ **3.** $\frac{1}{4}$ **4.** $\frac{1}{20},\frac{1}{100},2$ **5.** $\{t<-t_\alpha(n-1)\}$

二、**1.** C **2.** B **3.** C **4.** B **5.** C

三、**1.** $\frac{100}{343}\approx 0.3$ **2.** (1) $e^{-1}\approx 0.3679$ (2) $1-e^{-10}$

3. $f_Z(z)=\begin{cases} \frac{z^2}{8}, & 0\leqslant z<2, \\ \frac{z}{2}-\frac{z^2}{8}, & 2\leqslant z<4, \\ 0, & \text{其他} \end{cases}$

4. $E(X)=\frac{1}{p}$ $D(X)=\frac{q}{p^2}$ **5.** 0.9984

6. $C=\frac{1}{7}$ $k=2$ **7.** $\hat{\theta}_{矩}=\frac{1}{4}$ $\hat{\theta}_{最大}=\frac{1}{3}$

8. $H_0:\mu=70, T=\frac{\sqrt{n}(\overline{X}-\mu)}{S}$,接受 H_0

综合练习四

一、**1.** $\frac{1}{3}$ **2.** $\frac{4}{5}$ **3.** 2 **4.** $\frac{1}{12}$ **5.** $\overline{X},S^2$

二、**1.** B **2.** C **3.** D **4.** B **5.** C

三、**1.** (1) $p=\frac{2}{5}$ (2) $q=0.48557$ **2.** $\frac{1}{9}$ **3.** $\frac{C_{2n}^{n}}{2^{2n}}$

4. (1) $A=\frac{1}{2}, B=\frac{1}{\pi}$ (2) $P\{-1<X<1\}=\frac{1}{2}$

(3) $f(x)=F'(x)=\frac{1}{\pi(1+x^2)}, -\infty<x<+\infty$

5. $f_Z(z)=\begin{cases} 0, & z\leqslant 0, \\ \frac{1}{2}(1-e^{-z}), & 0<z\leqslant 2, \\ \frac{1}{2}(e^2-1)e^{-z}, & z>2 \end{cases}$ **6.** $n\geqslant 250$ $n\geqslant 68$

7. $\hat{\theta}=\sqrt{\frac{1}{n}\sum_{i=1}^{n}X_i^2+\frac{1}{4}}-\frac{1}{2}$　8. 有显著差异

综合练习五

一、1. $p_1>\frac{p_2}{1+p_2}$

2.

Y \ X	y_1	y_2	y_3	$P\{X=x_i\}=p_{i\cdot}$
x_1	$\frac{1}{24}$	$\frac{1}{8}$	$\frac{1}{12}$	$\frac{1}{4}$
x_2	$\frac{1}{8}$	$\frac{3}{8}$	$\frac{1}{4}$	$\frac{3}{4}$
$P\{Y=y_j\}=p_{\cdot j}$	$\frac{1}{6}$	$\frac{1}{2}$	$\frac{1}{3}$	1

3. $\Phi\left(\frac{b-np}{\sqrt{np(1-p)}}\right)-\Phi\left(\frac{a-np}{\sqrt{np(1-p)}}\right)$　4. 0.2734　5. $\frac{\overline{X}}{\theta}\sqrt{n(n-1)}$

二、1. C　2. A　3. A　4. C　5. B

三、1. $\frac{(m+2)^k-(m-1)^k}{n^k}$　2. $\frac{1}{2}+\frac{1}{\pi}$　3. $1-e^{-1}\approx0.632$　4. $\frac{1}{2}$

5. 提示：弧长变量 θ 的密度函数设为 $f_\theta(\theta)=\begin{cases}\frac{1}{2\pi}, & 0\leqslant\theta<2\pi,\\ 0, & 其他,\end{cases}$ 横坐标 $X=\cos\theta$，$f_X(x)=\begin{cases}\frac{1}{\pi\sqrt{1-x^2}}, & -1<x<1,\\ 0, & 其他\end{cases}$

6. $P=\Phi\left(\frac{1}{\sqrt{2(1-p)}}\right)$，$0\leqslant p\leqslant1$，故 $\Phi\left(\frac{1}{2}\right)<P<1$

7. 提示：先求 $\hat{\theta}_{(1)}$，$\hat{\theta}_{(n)}$ 的密度函数．(1) $\alpha=\frac{1}{2}$　(2) $\lim\limits_{n\to\infty}E(\hat{\theta}_{(n)}-\theta)^2=\frac{1}{4}$

8. (1) (998.577，1001.923)　(2) (3.479，19.982)　(3) (998.553，1001.14)

9. $H_0:\sigma^2=5000$，$\chi^2_{1-\alpha}(n-1)=\chi^2_{0.95}(25)=37.652<36=\chi^2$，所以不能拒绝 H_0，即认为电池的寿命波动性未显著变大

10. $H_0:\sigma_1^2\leqslant\sigma_2^2$，$F=\frac{S_1^2}{S_2^2}=5.382>3.48=F_{0.95}(5,9)$，否定 H_0

综合练习六

1. (1) 30^5　(2) A_{30}^5　2. 35，18　3. (1) 0.7951　(2) 0.4118　4. $\frac{3}{4}$

5. $F_Z(z)=\begin{cases}1-e^{-z}-ze^{-z}, & z>0,\\ 0, & z\leqslant 0\end{cases}$

6. $f_Y(y)=\begin{cases}\dfrac{2}{\pi\sqrt{1-y^2}}, & 0<y<1,\\ 0, & 其他\end{cases}$

7. 提示：设$F(a_1,a_2,\cdots,a_n)=f+\lambda g=\sum\limits_{i=1}^{n}a_i^2\sigma_i^2+\lambda\left(\sum\limits_{i=1}^{n}a_i-1\right)$，当$a_i=\left(\sigma_i^2\sum\limits_{k=1}^{n}\dfrac{1}{\sigma_k^2}\right)^{-1}$时方差最小，为$D\left(\sum\limits_{i=1}^{n}a_iX_i\right)=\left(\sum\limits_{i=1}^{n}\dfrac{1}{\sigma_i^2}\right)^{-1}$，若$a_i$相等，则$a_i=\dfrac{1}{n}$，$D\left(\sum\limits_{i=1}^{n}a_iX_i\right)=\dfrac{1}{n}\sigma_i^2$

8. (1) 0.1764　(2) 0.1755　(3) 0.1793

9. $\hat{\mu}=\dfrac{1}{n}\sum\limits_{i=1}^{n}\ln X_i$，$\hat{\sigma}^2=\dfrac{1}{n}\sum\limits_{i=1}^{n}(\ln X_i-\hat{\mu})^2$

10. $a=\dfrac{n_1-1}{n_1+n_2-2}$，$b=\dfrac{n_2-1}{n_1+n_2-2}$，$D(Y)_{\min}=\dfrac{2\sigma^4}{n_1+n_2-2}$

11. $\dfrac{\sigma_1^2}{\sigma_2^2}$的置信度为90%的置信区间为(0.214,2.789)，此区间包含1，故可认为$\sigma_1^2=\sigma_2^2$，在此基础上估计$\mu_1-\mu_2$，得$\mu_1-\mu_2$的置信度为90%的置信区间为(−0.12,0.024)，此区间包含0，故可以认为两总体均值差为0.即两个厂家生产的产品性能指标无显著差异

12. $t=\left|\dfrac{\overline{X}-\mu_0}{\frac{S}{\sqrt{n}}}\right|=1.91$，未落入拒绝域.因此在$\alpha=0.05$水平下认为均值为0.618

13. 提示：假设$H_0:X\sim N(0,1)$，$H_1:X\sim N(1,1)$，$\dfrac{3\overline{X}-E(3\overline{X})}{\sqrt{D(3\overline{X})}}=\dfrac{3\overline{X}-3E(X)}{\sqrt{D(X)}}\sim N(0,1)$.

(1) $V_1=\{3\overline{X}\geqslant u_{0.1}\}$，$\alpha_1=P\{V_1\mid H_0\}=0.05$，$\beta_1=P\{V_1\mid H_1\}=0.0885$

(2) $V_2=\{3|\overline{X}|\leqslant u_{0.95}\}$，$\alpha_2=P\{V_2\mid H_0\}=0.05$，$\beta_2=P\{V_2\mid H_1\}=0.9995$